网络系统集成应用案例

陈宁 陈国荣 主编

周圣杰 胡燕 陆渝 副主编

清华大学出版社

北京

内容简介

本书基于实际的网络工程应用，将网络系统集成工程中所涉及的相关理论知识和操作技能分解到若干应用案例中，书中涉及案例全部取材于实际网络工程项目，为读者提供了一个真实的学习场景。

案例内容包括基础的交换机 VLAN 配置、三层交换配置、路由器基本配置、动态路由协议实现远程网络互联、广域网协议封装、访问控制列表和 NAT 应用、防火墙攻击检测及防范，以及路由交换和系统集成综合应用等十个任务的实现，有助于理论与实践相结合，由浅入深帮助读者更有效地了解网络系统集成的相关知识。

本书适合高等院校计算机类相关专业的学生以及从事网络工程工作的技术人员阅读。

图书在版编目（CIP）数据

网络系统集成应用案例 / 陈宁，陈国荣主编. -- 北京：清华大学出版社，2024. 12. -- ISBN 978-7-302-67854-0

Ⅰ. TP311. 5

中国国家版本馆 CIP 数据核字第 2024C2H809 号

责任编辑：贾　斌
封面设计：刘　键
责任校对：郝美丽
责任印制：刘　菲

出版发行：清华大学出版社
网　　址：https://www.tup.com.cn，https://www.wqxuetang.com
地　　址：北京清华大学学研大厦 A 座　　**邮　　编**：100084
社 总 机：010-83470000　　**邮　　购**：010-62786544
投稿与读者服务：010-62776969，c-service@tup.tsinghua.edu.cn
质量反馈：010-62772015，zhiliang@tup.tsinghua.edu.cn
课件下载：https://www.tup.com.cn，010-83470236
印 装 者：涿州汇美亿浓印刷有限公司
经　　销：全国新华书店
开　　本：185mm×260mm　　**印　张**：14.75　　**字　　数**：361 千字
版　　次：2024 年 12 月第 1 版　　**印　　次**：2024 年 12 月第1 次印刷
印　　数：1～1500
定　　价：49.00 元

产品编号：108150-01

前言

随着网络技术的普及和不断发展，其相关应用已经成为人们学习、工作和生活中不可缺少的一部分。小到一个家庭，大到一个企业，都有使用的需要。同时，社会对网络系统集成所涉及的网络构建相关技术人员的需求也会越来越多。

本书主要以网络系统集成中常见的交换机、路由器、防火墙等设备为例，详细介绍了其相关应用案例。

1. 本书特色

本书根据当前普遍采用的“案例引导、任务驱动”的方式编写，内容选取上遵循“实用为主、够用为度、应用为目的、适当拓展”的基本原则，根据企业方提供的实际工程项目资料，“以应用为基础、以问题为导向、虚实无缝结合、内容由易到难”，设计了多个实用性很强的网络工程实践案例。根据认知规律，按照循序渐进、由浅入深的原则，根据实现小型网络—中型网络—大型网络的组网要求，按照基础案例、综合案例来分章节组织内容。章节导学结构如图 0.1 所示。

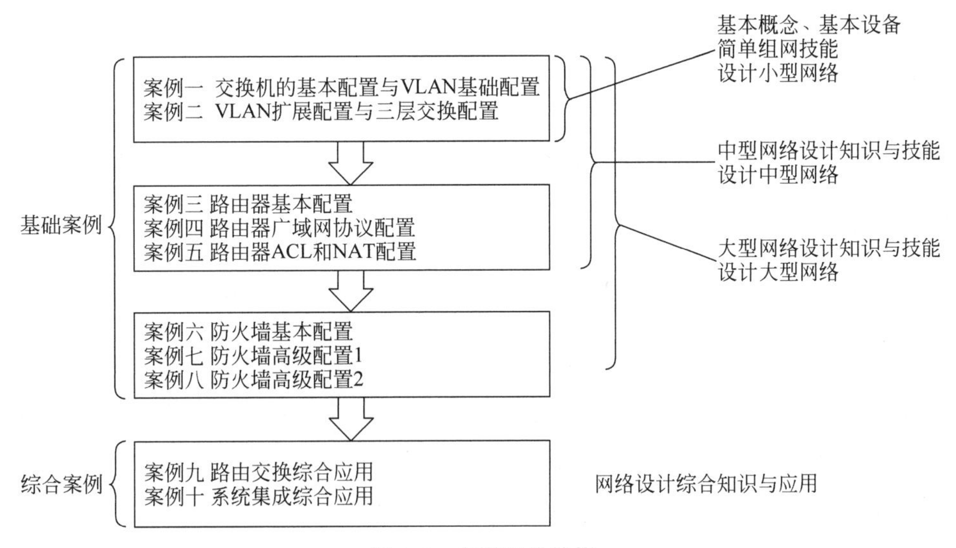

图 0.1 章节导学结构

通过结合对相关企业调研和相关工作职位的能力分析，基于新华三公司的 HCL 虚拟仿真平台，尽可能采用了最新和最实用的相关网络技术知识。本书内容全面，从基本的交换机，到路由器及防火墙等网络系统集成工程中的常见网络设备的配置与调试都有详细的介绍。

全书共有十个案例，案例一到案例八为基础应用案例，案例九和案例十为综合应用案例。每个案例由案例目的、案例引言、步骤说明、应用效果、拓扑构建及地址规划、功能配置、思考题和设备配置文档八部分来组织内容。每个案例的前四部分侧重于案例的原理及应用效果说明，后四部分侧重于实操训练的内容介绍。同时，为方便读者阅读，在每个案例最后的设备配置文档部分，将该案例的功能配置语句做了深色背景处理。

八个基础应用的案例包括：交换机的基本配置与 VLAN 基础配置、VLAN 扩展配置与三层交换配置、路由器基本配置、路由器广域网协议配置、路由器 ACL 和 NAT 配置、防火墙基本配置、防火墙高级配置 1、防火墙高级配置 2。两个综合应用案例包括：路由交换综合应用和系统集成综合应用。

本书所有案例任务都在 HCL 2.1.1 仿真平台上配置测试完成，同时在每个案例中提供了相关平台的命令解释说明。为启发读者思考，加强学习效果，书中所有案例配备了详细操作演示视频及相关工程文件作为参考，并提供各章思考题的参考答案，以帮助读者对其深入理解。

由于仿真软件的版本迭代升级，各型设备和各版本软件的命令、操作、信息输出因仿真软件版本的差异，可能有所差别。若读者采用的设备型号、软件版本等与本书不同，可参考所用设备和版本的相关手册。

全书由陈宁编写，陈国荣审核，周圣杰、胡燕、陆渝老师参与了案例的配置调试工作，研究生冉丹参与了校订工作。本书也是教学团队教学经验的总结，感谢教学团队成员的支持和帮助，感谢重庆瑞萃德科技发展有限公司朱浩雪总经理、冉星工程师在本书编写过程中给予的大力支持。这里还要特别感谢清华大学出版社的编辑，在他们的大力鼓励和支持下，才促成了此书的出版。

2. 本书约定

1）图标约定

本书图标说明如表 0.1 所示。

表 0.1 图标说明

图 标	说 明
	该图标及其相关描述文字代表一般网络设备，如路由器、交换机、防火墙等
	该图标及其相关描述文字代表一般意义下的路由器，以及其他运行了路由协议的设备
	该图标及其相关描述文字代表二、三层以太网交换机，以及运行了二层协议的设备
	该图标及其相关描述文字代表无线控制器、无线控制器业务板和有线无线一体化交换机的无线控制引擎设备
	该图标及其相关描述文字代表无线接入点设备
	该图标及其相关描述文字代表无线终结单元
	该图标及其相关描述文字代表无线终结者
	该图标及其相关描述文字代表无线 Mesh 设备

续表

图　　标	说　　明
	该图标代表发散的无线射频信号
	该图标代表点到点的无线射频信号
	该图标及其相关描述文字代表防火墙、UTM、多业务安全网关、负载均衡等安全设备
	该图标及其相关描述文字代表防火墙插卡、负载均衡插卡、NetStream 插卡、SSL VPN 插卡、IPS 插卡、ACG 插卡等安全插卡

2）示例约定

由于设备型号不同、配置不同、版本升级等，可能造成本书的内容与用户使用的设备或模拟器显示信息不一致。实际使用中请以设备或模拟器中显示的内容为准。

3）实验环境

（1）操作系统：Windows。

（2）仿真软件：新华三公司 HCL 2.1.1。

（3）网络设备：

① 交换机：硬件型号_S5820V2-54QS-GE；IOS 版本_5830v2-cmw710-system-a7514.bin；H3C Comware Software 版本_Version 7.1.075，Alpha 7571。

② 路由器：硬件型号_MSR36-20；IOS 版本_msr36-cmw710-system-a7514.bin；H3C Comware Software 版本_ Version 7.1.075，Alpha 7571。

③ 防火墙：硬件型号_SecPath F1060；IOS 版本_sim_f1000_fw-cmw710-boot-a6401.bin；H3C Comware Software 版本_ Version 7.1.064，Alpha 7164。

因时间仓促及编者水平有限，书中难免有疏漏及不足之处，恳请广大读者和专家提出宝贵意见。

编　者

2024 年 10 月

目录

交换机的基本配置与VLAN基础配置

1.1 案例目的

通过该案例的学习，在理解交换机和 VLAN 原理的基础上，能进行交换机、VLAN 在相应使用场景下的功能配置。

1.2 案例引言

交换机基本配置是在网络设备上做功能实现的最基础应用，其命名、各类登录方式及加密方式设置等都是在工程实际应用中的基本要求，必须牢固掌握。

以太网是一种基于 CSMA/CD(Carrier Sense Multiple Access/Collision Detect，载波侦听多路访问/冲突检测)的共享通信介质的数据网络通信技术，当主机数目较多时会导致冲突严重、广播泛滥、性能显著下降甚至使网络不可用等问题。通过交换机实现 LAN 互联虽然可以解决冲突(Collision)严重的问题，但仍然不能隔离广播报文。

在这种情况下出现了 VLAN(Virtual Local Area Network)技术，这种技术可以把一个 LAN 划分成多个逻辑的 LAN——VLAN，每个 VLAN 是一个广播域，VLAN 内的主机间通信就和在一个 LAN 内一样，而 VLAN 间则不能直接互通，这样，广播报文被限制在一个 VLAN 内。

1.2.1 VLAN 概述

通过交换机实现 LAN 互联虽然可以解决以太网中冲突严重的问题，但仍然不能隔离广播报文。为解决这个问题，VLAN 技术应运而生，它是一种将局域网(LAN)设备从逻辑上划分成一个个网段(或者说是更小的局域网 LAN)，从而实现虚拟工作组的数据交换技术。这种划分不受网络用户的物理位置限制，而是根据用户需求、用户的位置、作用、部门或者根据所使用的应用程序和协议来进行分组。VLAN 示意图如图 1.1 所示。

VLAN 的划分不受物理位置的限制：不在同一物理位置范围的主机可以属于同一个 VLAN；一个 VLAN 包含的用户可以连接在同一个交换机上，也可以跨越交换机，甚至可以跨越路由器。

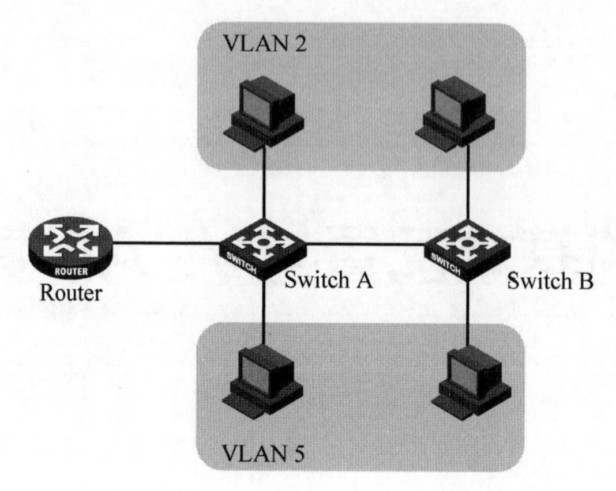

图 1.1　VLAN 示意图

VLAN 的优点如下：

(1) 限制广播域。广播域被限制在一个 VLAN 内，节省了带宽，提高了网络处理能力。

(2) 增强局域网的安全性。VLAN 间的两层报文是相互隔离的，即一个 VLAN 内的用户不能和其他 VLAN 内的用户直接通信，如果不同 VLAN 要进行通信，则需通过路由器或三层交换机等三层设备。

(3) 灵活构建虚拟工作组。用 VLAN 可以划分不同的用户到不同的工作组，同一工作组的用户也不必局限于某一固定的物理范围，网络构建和维护更方便灵活。

1.2.2　VLAN 原理

要使网络设备能够分辨不同 VLAN 的报文，需要在报文中添加标识 VLAN 的字段。由于普通交换机工作在 OSI 模型的数据链路层，只能对报文的数据链路层封装进行识别。因此，如果添加识别字段，也需要添加到数据链路层封装中。

IEEE 于 1999 年颁布了用以标准化 VLAN 实现方案的 IEEE 802.1Q 协议标准草案，对带有 VLAN 标识的报文结构进行了统一规定。

传统的以太网数据帧在目的 MAC 地址和源 MAC 地址之后封装的是上层协议的类型字段，如图 1.2 所示。

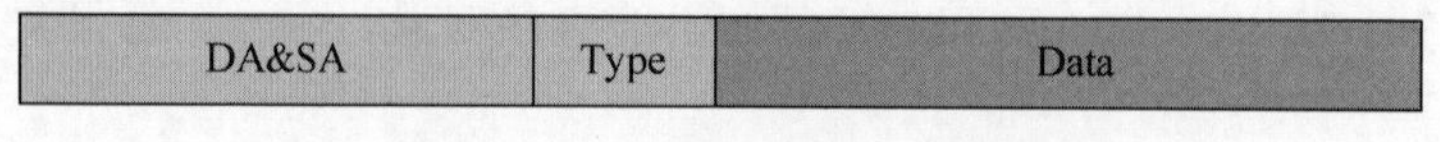

图 1.2　传统以太网帧封装格式

其中 DA 表示目的 MAC 地址，SA 表示源 MAC 地址，Type 表示报文所属协议类型。IEEE 802.1Q 协议规定在目的 MAC 地址和源 MAC 地址之后封装 4 字节的 VLAN Tag，用以标识 VLAN 的相关信息，如图 1.3 所示。

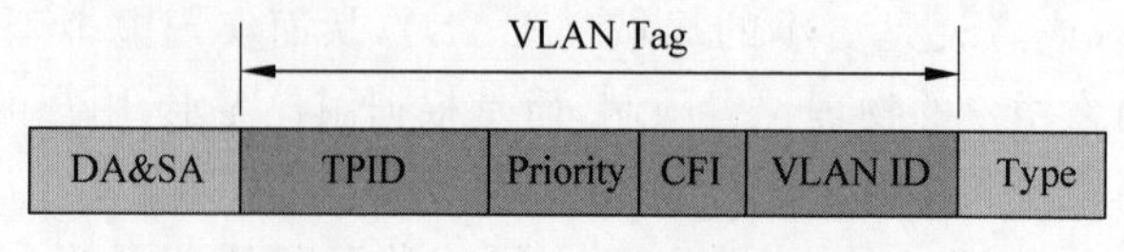

图 1.3　VLAN Tag 的组成字段

VLAN Tag 包含四个字段，分别是 TPID(Tag Protocol Identifier，标签协议标识符)、Priority、CFI(Canonical Format Indicator，标准格式指示位)和 VLAN ID。

(1) TPID 用来标识本数据帧是带有 VLAN Tag 的数据，长度为 16bit，取值为 0x8100。

(2) Priority 表示报文的 802.1P 优先级，长度为 3bit，相关内容请参见 QoS 部分的介绍。

(3) CFI 字段标识 MAC 地址在不同的传输介质中是否以标准格式进行封装，长度为 1bit，取值为 0 表示 MAC 地址以标准格式进行封装，为 1 表示以非标准格式封装，缺省取值为 0。

(4) VLAN ID 标识该报文所属 VLAN 的编号，长度为 12bit，取值范围为 0～4095。由于 0 和 4095 为协议保留取值，所以 VLAN ID 的取值范围为 1～4094。

网络设备利用 VLAN ID 来识别报文所属的 VLAN，根据报文是否携带 VLAN Tag 以及携带的 VLAN Tag 值，来对报文进行处理。

1.2.3　VLAN 划分

VLAN 根据划分方式可以分为不同类型，下面列出了 6 种最常见的 VLAN 类型：

(1) 基于端口的 VLAN。

(2) 基于 MAC 地址的 VLAN。

(3) 基于协议的 VLAN。

(4) 基于 IP 子网的 VLAN。

(5) 基于策略的 VLAN。

(6) 其他 VLAN。

1.3　步骤说明

在进行交换机基本配置及 VLAN 配置时，其详细步骤如下(以 HCL 模拟器中操作为例)：

(1) 在模拟器中搭建拓扑。

(2) 设备名称及 IP 地址规划。

(3) 登录交换机。

(4) 进入系统视图模式。

(5) 删除配置文件并重启交换机。

(6) 配置管理 VLAN1(默认为 VLAN1)的 IP 地址。

(7) 配置 Telnet 登录设备时采用密码认证(password)。

(8) 配置 VLAN(建立 VLAN-端口分配)。

(9) 测试验证。

(10) 保存并整理配置文档。

上述 10 个步骤的详细配置方法和过程以及测试验证，参见 1.5 节～1.8 节的内容。

1.4 应用效果

交换机的 Telnet 等远程登录配置、按工程规范要求的命名等极大地方便了远程管理维护的工作。

VLAN 的配置使用在实际的工程应用场景下，限制了广播域，增强了局域网安全性的同时，灵活构建了虚拟工作组。

1.5 拓扑构建及地址规划

1. 在模拟器中搭建拓扑

在模拟器中搭建拓扑如图 1.4 所示。

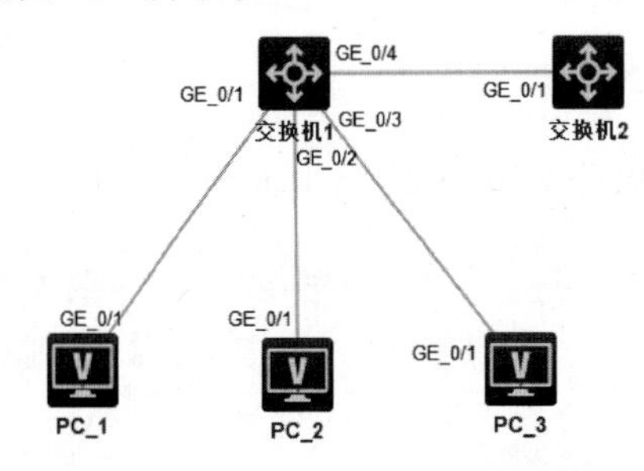

图 1.4 拓扑图

2. 各设备名称及 IP 地址规划

交换机 1 和交换机 2 在设备中的名称配置为 SW1 和 SW2。IP 地址分配表如表 1.1 所示。

表 1.1 IP 地址分配表

设备名称	拓扑图接口(设备中实际接口)	IP 地址	网关
PC_1	GE_0/1(G0/0/1)	192.168.1.2/24	—
PC_2	GE_0/1(G0/0/1)	192.168.1.3/24	—
PC_3	GE_0/1(G0/0/1)	192.168.1.4/24	—
交换机	VLAN1 地址	192.168.1.1/24	—
交换机	VLAN1 地址	192.168.1.254/24	—

1.6 功能配置

1. 观察交换机

观察交换机，了解其组成、各端口的功能以及显示灯的作用。设备信息进入界面如图 1.5 所示。

右击交换机设备图标，单击配置，进入设备界面了解设备相关信息，交换机界面如图 1.6 所示。

更详细信息的查阅，可单击该页面右侧的设备信息，链接到 H3C 网站该产品的介绍页面，如图 1.7 所示，可免费下载相关指令手册和配置案例集，以进一步学习该产品的运用。

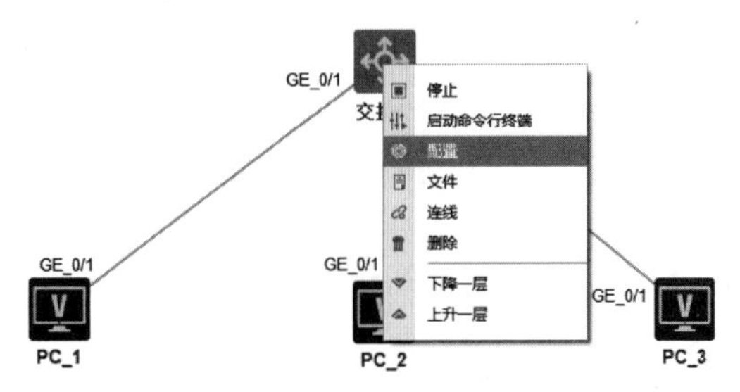

图 1.5　设备信息进入界面

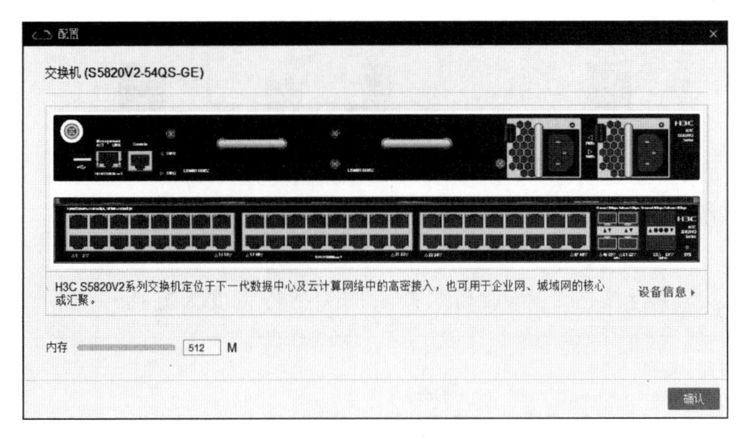

图 1.6　交换机界面

图 1.7　产品介绍页面

2. 登录交换机

HCL 模拟器中登录设备,最简单直接的方式就是双击设备图标,进入指令配置模式;另一种方式,是右击设备图标,在弹出的下拉框中单击启动命令行终端即可。启动设备命令行终端界面如图 1.8 所示。

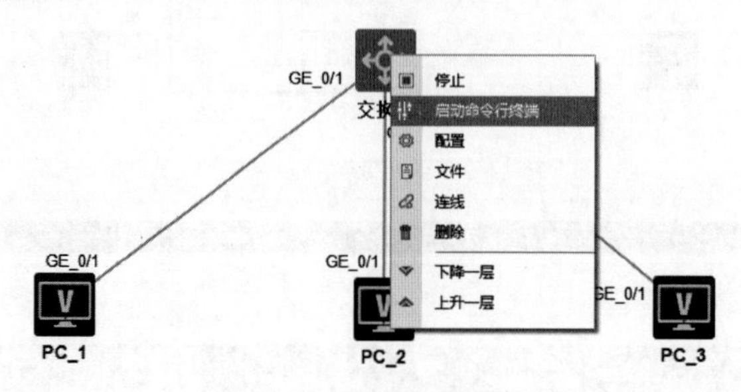

图 1.8 启动设备命令行终端界面

(1) 进入系统视图模式。

配置指令:

system-view//执行该指令后,设备名前后的尖括号将变为方括号,如下所示。

```
<H3C> system - view
System View: return to User View with Ctrl + Z.
[H3C]
```

(2) 删除配置文件并重启交换机。

在用户视图下,先使用指令 dir 观察有无扩展名是. cfg 的文件,如有则使用 delete 指令删除后重启设备。

dir//用户视图下使用该指令,可查看设备 flash 中的现有文件。

执行后结果如下:

```
<H3C> dir
Directory of flash:
   0 drw -             - Nov 03 2018 09: 33: 24   diagfile
   1  - rw -        1554 Nov 03 2018 13: 19: 41   ifindex. dat
   2  - rw -       21632 Nov 03 2018 09: 33: 24   licbackup
   3 drw -             - Nov 03 2018 09: 33: 24   license
   4  - rw -       21632 Nov 03 2018 09: 33: 24   licnormal
   5 drw -             - Nov 03 2018 09: 33: 24   logfile
   6   - rw -          0 Nov 03 2018 09: 33: 24   s5820v2_5830v2 - cmw710 - boot - a7501. bin
   7   - rw -          0 Nov 03 2018 09: 33: 24   s5820v2_5830v2 - cmw710 - system - a7501. bin
   8 drw -             - Nov 03 2018 09: 33: 24   seclog
   9  - rw -        6161 Nov 03 2018 13: 19: 41   startup. cfg
  10  - rw -      104705 Nov 03 2018 13: 19: 41   startup. mdb

1046512 KB total (1046316 KB free)
```

执行 delete 指令,删除 startup. cfg 文件,执行后设备显示结果如下:

```
<H3C> delete startup. cfg
```

```
Delete flash: /startup.cfg? [Y/N]: y
Deleting file flash: /startup.cfg... Done.
```

执行 reboot 指令，重启交换机，执行后设备显示结果如下：

```
<H3C>reboot
Start to check configuration with next startup configuration file, please wait.........DONE!
This command will reboot the device. Continue? [Y/N]: y
Now rebooting, please wait...
%Nov  3 13:32:51:017 2018 H3C DEV/5/SYSTEM_REBOOT: System is rebooting now.
```

（3）配置管理 VLAN1（默认为 VLAN1）的 IP 地址。

进入 VLAN1 后，进行 IP 地址配置，结果如下所示：

```
[H3C]interface Vlan-interface 1
[H3C-Vlan-interface1]%Nov  3 13:49:06:980 2018 H3C IFNET/3/PHY_UPDOWN: Physical state
on the interface Vlan-interface1 changed to up.
%Nov  3 13:49:06:980 2018 H3C IFNET/5/LINK_UPDOWN: Line protocol state on the interface
Vlan-interface1 changed to up.
[H3C-Vlan-interface1]ip add
[H3C-Vlan-interface1]ip address 192.168.1.1 24
```

（4）配置 Telnet 登录设备时采用密码认证（password），认证方式为 password 的配置如表 1.2 所示。

表 1.2　认证方式为 password 的配置

操　　作	命　　令	说　　明
进入系统视图	system-view	—
使能设备的 Telnet 服务	telnet server enable	缺省情况下，Telnet 服务处于关闭状态
进入一个或多个 VTY 用户界面视图	user-interface vty first-number [last-number]	—
设置登录用户的认证方式为密码认证	authentication-mode password	缺省情况下，VTY 用户界面的认证方式为 password
设置密码认证的密码	set authentication password {hash | simple} password	缺省情况下，没有设置密码认证的密码
（可选）配置从当前用户界面登录设备的用户角色	user-role role-name	缺省情况下，通过 Telnet 登录设备的用户角色为 network-operator

注意：缺省情况下，设备的 Telnet 服务器功能处于关闭状态，通过 Telnet 方式登录设备的认证方式为 password，但设备没有配置缺省的登录密码，即在缺省情况下用户不能通过 Telnet 登录到设备。因此当使用 Telnet 方式登录设备前，首先需要通过 Console 口登录到设备，开启 Telnet 服务器功能，然后对认证方式、用户角色及公共属性进行相应的配置，才能保证通过 Telnet 方式正常登录到设备。本书由于是在 HCL 模拟器环境中进行各功能配置，HCL 2.1.1 的版本不具备 Console 口登录的条件，所以采取双击进入设备的方式直接进行配置。

配置结果如下所示：

```
[SW1]telnet server enable
[SW1]user - interface vty 0 5
[SW1 - line - vty0 - 5]authentication - mode password
[SW1 - line - vty0 - 5]set authentication password simple cqust
[SW1 - line - vty0 - 5]user - role network - admin //通过 Telnet 登录设备的用户,角色为管理员
                                                  //权限
```

(5) 从交换机 2-SW2 上 telnet 到交换机 1-SW1 上的结果如下所示：

```
<SW2>telnet 192.168.1.1
Trying 192.168.1.1 ...
Press CTRL + K to abort
Connected to 192.168.1.1 ...
******************************************************************************
* Copyright (c) 2004 - 2016 Hangzhou H3C Tech. Co., Ltd. All rights reserved.  *
* Without the owner's prior written consent,                                   *
* no decompiling or reverse - engineering shall be allowed.                    *
******************************************************************************
Password:
<SW1>
```

3. 配置 VLAN

进入配置模式后，按规划好的交换机 1 上的 VLAN 各自进行配置。VLAN 规划表如表 1.3 所示。

表 1.3 VLAN 规划表

VLAN 名	端口名		
	GE_0/1	GE0/2	GE0/3
VLAN2	YES	YES	NO
VLAN3	NO	NO	YES

(1) 建立 VLAN 如下：

```
[SW1]vlan 2 to 3
```

(2) 将端口加入 VLAN 如下：

```
[SW1]vlan 2
[SW1 - vlan2]port GigabitEthernet 1/0/1
[SW1 - vlan2]port GigabitEthernet 1/0/2
[SW1 - vlan2]vlan 3
[SW1 - vlan3]port GigabitEthernet 1/0/3
```

(3) 查看 VLAN 设置。

在交换机 1 上查看 VLAN 配置如下：

```
[SW1]dis vlan
 Total VLANs: 3
 The VLANs include:
 1(default), 2-3
[SW1]dis vlan 2
 VLAN ID: 2
 VLAN type: Static
 Route interface: Not configured
 Description: VLAN 0002
 Name: VLAN 0002
 Tagged ports:     None
 Untagged ports:
    GigabitEthernet1/0/1            GigabitEthernet1/0/2

[SW1]dis vlan 3
 VLAN ID: 3
 VLAN type: Static
 Route interface: Not configured
 Description: VLAN 0003
 Name: VLAN 0003
 Tagged ports:     None
 Untagged ports:
    GigabitEthernet1/0/3
```

（4）用 ping 命令测试。

用 ping 命令测试同一 VLAN 内计算机的连通性和不同 VLAN 间的连通性并记录结果。配置 VLAN 后，在 PC1 上 ping PC2 和 PC3，结果如下：

```
<H3C>PING 192.168.1.3
Ping 192.168.1.3 (192.168.1.3): 56 data bytes, press CTRL_C to break
56 bytes from 192.168.1.3: icmp_seq=0 ttl=255 time=5.449 ms
56 bytes from 192.168.1.3: icmp_seq=1 ttl=255 time=0.774 ms
56 bytes from 192.168.1.3: icmp_seq=2 ttl=255 time=2.315 ms
56 bytes from 192.168.1.3: icmp_seq=3 ttl=255 time=1.726 ms
56 bytes from 192.168.1.3: icmp_seq=4 ttl=255 time=1.797 ms

 --- Ping statistics for 192.168.1.3 ---
5 packet(s) transmitted, 5 packet(s) received, 0.0% packet loss
round-trip min/avg/max/std-dev = 0.774/2.412/5.449/1.598 ms
<H3C>%Nov  3 14:56:44:780 2018 H3C PING/6/PING_STATISTICS: Ping statistics for 192.168.
1.3: 5 packet(s) transmitted, 5 packet(s) received, 0.0% packet loss, round-trip min/avg/
max/std-dev = 0.774/2.412/5.449/1.598 ms.
PING 192.168.1.4
Ping 192.168.1.4 (192.168.1.4): 56 data bytes, press CTRL_C to break
Request time out
Request time out
Request time out

 --- Ping statistics for 192.168.1.4 ---
    4 packet(s) transmitted, 0 packet(s) received, 100.0% packet loss
```

结果表明,实现了同一 VLAN 中 PC 能相互 ping 通,不同 VLAN 中的 PC 无法 ping 通的功能。

1.7 思考题

如何实现不同 VLAN 间的通信?

1.8 设备配置文档

关键配置语句已在下列设备导出配置文档中进行了标识。

操作演示视频

(1) 交换机 1 配置文档如下:

```
#
 version 7.1.075, Alpha 7571
#
 sysname SW1
#
 telnet server enable
#
 irf mac-address persistent timer
 irf auto-update enable
 undo irf link-delay
 irf member 1 priority 1
#
 lldp global enable
#
 system-working-mode standard
 xbar load-single
 password-recovery enable
 lpu-type f-series
#
vlan 1
#
vlan 2 to 3
#
 stp global enable
#
interface NULL0
#
interface Vlan-interface1
 ip address 192.168.1.1 255.255.255.0
#
interface FortyGigE1/0/53
 port link-mode bridge
#
interface FortyGigE1/0/54
 port link-mode bridge
#
interface GigabitEthernet1/0/1
```

```
 port link-mode bridge
 port access vlan 2
 combo enable copper
#
interface GigabitEthernet1/0/2
 port link-mode bridge
 port access vlan 2
 combo enable copper
#
interface GigabitEthernet1/0/3
 port link-mode bridge
 port access vlan 3
 combo enable copper
#
interface GigabitEthernet1/0/4
 port link-mode bridge
 combo enable copper
#
interface GigabitEthernet1/0/5
 port link-mode bridge
 combo enable copper
#
interface GigabitEthernet1/0/6
 port link-mode bridge
 combo enable copper
#
interface GigabitEthernet1/0/7
 port link-mode bridge
 combo enable copper
#
interface GigabitEthernet1/0/8
 port link-mode bridge
 combo enable copper
#
interface GigabitEthernet1/0/9
 port link-mode bridge
 combo enable copper
#
interface GigabitEthernet1/0/10
 port link-mode bridge
 combo enable copper
#
interface GigabitEthernet1/0/11
 port link-mode bridge
 combo enable copper
#
interface GigabitEthernet1/0/12
 port link-mode bridge
 combo enable copper
#
interface GigabitEthernet1/0/13
 port link-mode bridge
 combo enable copper
```

```
#
interface GigabitEthernet1/0/14
 port link-mode bridge
 combo enable copper
#
interface GigabitEthernet1/0/15
 port link-mode bridge
 combo enable copper
#
interface GigabitEthernet1/0/16
 port link-mode bridge
 combo enable copper
#
interface GigabitEthernet1/0/17
 port link-mode bridge
 combo enable copper
#
interface GigabitEthernet1/0/18
 port link-mode bridge
 combo enable copper
#
interface GigabitEthernet1/0/19
 port link-mode bridge
 combo enable copper
#
interface GigabitEthernet1/0/20
 port link-mode bridge
 combo enable copper
#
interface GigabitEthernet1/0/21
 port link-mode bridge
 combo enable copper
#
interface GigabitEthernet1/0/22
 port link-mode bridge
 combo enable copper
#
interface GigabitEthernet1/0/23
 port link-mode bridge
 combo enable copper
#
interface GigabitEthernet1/0/24
 port link-mode bridge
 combo enable copper
#
interface GigabitEthernet1/0/25
 port link-mode bridge
 combo enable copper
#
interface GigabitEthernet1/0/26
 port link-mode bridge
 combo enable copper
```

```
#
interface GigabitEthernet1/0/27
 port link - mode bridge
 combo enable copper
#
interface GigabitEthernet1/0/28
 port link - mode bridge
 combo enable copper
#
interface GigabitEthernet1/0/29
 port link - mode bridge
 combo enable copper
#
interface GigabitEthernet1/0/30
 port link - mode bridge
 combo enable copper
#
interface GigabitEthernet1/0/31
 port link - mode bridge
 combo enable copper
#
interface GigabitEthernet1/0/32
 port link - mode bridge
 combo enable copper
#
interface GigabitEthernet1/0/33
 port link - mode bridge
 combo enable copper
#
interface GigabitEthernet1/0/34
 port link - mode bridge
 combo enable copper
#
interface GigabitEthernet1/0/35
 port link - mode bridge
 combo enable copper
#
interface GigabitEthernet1/0/36
 port link - mode bridge
 combo enable copper
#
interface GigabitEthernet1/0/37
 port link - mode bridge
 combo enable copper
#
interface GigabitEthernet1/0/38
 port link - mode bridge
 combo enable copper
#
interface GigabitEthernet1/0/39
 port link - mode bridge
 combo enable copper
```

```
#
interface GigabitEthernet1/0/40
 port link-mode bridge
 combo enable copper
#
interface GigabitEthernet1/0/41
 port link-mode bridge
 combo enable copper
#
interface GigabitEthernet1/0/42
 port link-mode bridge
 combo enable copper
#
interface GigabitEthernet1/0/43
 port link-mode bridge
 combo enable copper
#
interface GigabitEthernet1/0/44
 port link-mode bridge
 combo enable copper
#
interface GigabitEthernet1/0/45
 port link-mode bridge
 combo enable copper
#
interface GigabitEthernet1/0/46
 port link-mode bridge
 combo enable copper
#
interface GigabitEthernet1/0/47
 port link-mode bridge
 combo enable copper
#
interface GigabitEthernet1/0/48
 port link-mode bridge
 combo enable copper
#
interface M-GigabitEthernet0/0/0
#
interface Ten-GigabitEthernet1/0/49
 port link-mode bridge
 combo enable fiber
#
interface Ten-GigabitEthernet1/0/50
 port link-mode bridge
 combo enable fiber
#
interface Ten-GigabitEthernet1/0/51
 port link-mode bridge
 combo enable fiber
#
interface Ten-GigabitEthernet1/0/52
 port link-mode bridge
```

```
 combo enable fiber
#
 scheduler logfile size 16
#
line class aux
 user-role network-operator
#
line class console
 user-role network-admin
#
line class tty
 user-role network-operator
#
line class vty
 user-role network-operator
#
line aux 0
 user-role network-operator
#
line con 0
 user-role network-admin
#
line vty 0 5
 user-role network-admin
 user-role network-operator
 set authentication password hash $h$6$HimzK4jbHgbv5sqq$RSi/o58sTkhxseIT7QLysxB7dF2oc/
9XTiG+RBIs8A11HR11zSEu2oq7V6UjFDiO8gG/W6Fp+vjxARR265IYuA==
#
line vty 6 63
 user-role network-operator
#
radius scheme system
 user-name-format without-domain
#
domain system
#
 domain default enable system
#
role name level-0
 description Predefined level-0 role
#
role name level-1
 description Predefined level-1 role
#
role name level-2
 description Predefined level-2 role
#
role name level-3
 description Predefined level-3 role
#
role name level-4
 description Predefined level-4 role
```

```
#
role name level-5
 description Predefined level-5 role
#
role name level-6
 description Predefined level-6 role
#
role name level-7
 description Predefined level-7 role
#
role name level-8
 description Predefined level-8 role
#
role name level-9
 description Predefined level-9 role
#
role name level-10
 description Predefined level-10 role
#
role name level-11
 description Predefined level-11 role
#
role name level-12
 description Predefined level-12 role
#
role name level-13
 description Predefined level-13 role
#
role name level-14
 description Predefined level-14 role
#
user-group system
#
return
```

（2）交换机 2 配置文档如下：

```
#
 version 7.1.075, Alpha 7571
#
 sysname SW1
#
 telnet server enable
#
 irf mac-address persistent timer
 irf auto-update enable
 undo irf link-delay
 irf member 1 priority 1
#
 lldp global enable
#
 system-working-mode standard
```

```
 xbar load-single
 password-recovery enable
 lpu-type f-series
#
vlan 1
#
vlan 2 to 3
#
 stp global enable
#
interface NULL0
#
interface Vlan-interface1
 ip address 192.168.1.1 255.255.255.0
#
interface FortyGigE1/0/53
 port link-mode bridge
#
interface FortyGigE1/0/54
 port link-mode bridge
#
interface GigabitEthernet1/0/1
 port link-mode bridge
 port access vlan 2
 combo enable copper
#
interface GigabitEthernet1/0/2
 port link-mode bridge
 port access vlan 2
 combo enable copper
#
interface GigabitEthernet1/0/3
 port link-mode bridge
 port access vlan 3
 combo enable copper
#
interface GigabitEthernet1/0/4
 port link-mode bridge
 combo enable copper
#
interface GigabitEthernet1/0/5
 port link-mode bridge
 combo enable copper
#
interface GigabitEthernet1/0/6
 port link-mode bridge
 combo enable copper
#
interface GigabitEthernet1/0/7
 port link-mode bridge
 combo enable copper
#
interface GigabitEthernet1/0/8
```

```
 port link-mode bridge
 combo enable copper
#
interface GigabitEthernet1/0/9
 port link-mode bridge
 combo enable copper
#
interface GigabitEthernet1/0/10
 port link-mode bridge
 combo enable copper
#
interface GigabitEthernet1/0/11
 port link-mode bridge
 combo enable copper
#
interface GigabitEthernet1/0/12
 port link-mode bridge
 combo enable copper
#
interface GigabitEthernet1/0/13
 port link-mode bridge
 combo enable copper
#
interface GigabitEthernet1/0/14
 port link-mode bridge
 combo enable copper
#
interface GigabitEthernet1/0/15
 port link-mode bridge
 combo enable copper
#
interface GigabitEthernet1/0/16
 port link-mode bridge
 combo enable copper
#
interface GigabitEthernet1/0/17
 port link-mode bridge
 combo enable copper
#
interface GigabitEthernet1/0/18
 port link-mode bridge
 combo enable copper
#
interface GigabitEthernet1/0/19
 port link-mode bridge
 combo enable copper
#
interface GigabitEthernet1/0/20
 port link-mode bridge
 combo enable copper
#
interface GigabitEthernet1/0/21
 port link-mode bridge
```

```
 combo enable copper
#
interface GigabitEthernet1/0/22
 port link-mode bridge
 combo enable copper
#
interface GigabitEthernet1/0/23
 port link-mode bridge
 combo enable copper
#
interface GigabitEthernet1/0/24
 port link-mode bridge
 combo enable copper
#
interface GigabitEthernet1/0/25
 port link-mode bridge
 combo enable copper
#
interface GigabitEthernet1/0/26
 port link-mode bridge
 combo enable copper
#
interface GigabitEthernet1/0/27
 port link-mode bridge
 combo enable copper
#
interface GigabitEthernet1/0/28
 port link-mode bridge
 combo enable copper
#
interface GigabitEthernet1/0/29
 port link-mode bridge
 combo enable copper
#
interface GigabitEthernet1/0/30
 port link-mode bridge
 combo enable copper
#
interface GigabitEthernet1/0/31
 port link-mode bridge
 combo enable copper
#
interface GigabitEthernet1/0/32
 port link-mode bridge
 combo enable copper
#
interface GigabitEthernet1/0/33
 port link-mode bridge
 combo enable copper
#
interface GigabitEthernet1/0/34
 port link-mode bridge
 combo enable copper
```

```
#
interface GigabitEthernet1/0/35
 port link-mode bridge
 combo enable copper
#
interface GigabitEthernet1/0/36
 port link-mode bridge
 combo enable copper
#
interface GigabitEthernet1/0/37
 port link-mode bridge
 combo enable copper
#
interface GigabitEthernet1/0/38
 port link-mode bridge
 combo enable copper
#
interface GigabitEthernet1/0/39
 port link-mode bridge
 combo enable copper
#
interface GigabitEthernet1/0/40
 port link-mode bridge
 combo enable copper
#
interface GigabitEthernet1/0/41
 port link-mode bridge
 combo enable copper
#
interface GigabitEthernet1/0/42
 port link-mode bridge
 combo enable copper
#
interface GigabitEthernet1/0/43
 port link-mode bridge
 combo enable copper
#
interface GigabitEthernet1/0/44
 port link-mode bridge
 combo enable copper
#
interface GigabitEthernet1/0/45
 port link-mode bridge
 combo enable copper
#
interface GigabitEthernet1/0/46
 port link-mode bridge
 combo enable copper
#
interface GigabitEthernet1/0/47
 port link-mode bridge
 combo enable copper
```

```
#
interface GigabitEthernet1/0/48
 port link-mode bridge
 combo enable copper
#
interface M-GigabitEthernet0/0/0
#
interface Ten-GigabitEthernet1/0/49
 port link-mode bridge
 combo enable fiber
#
interface Ten-GigabitEthernet1/0/50
 port link-mode bridge
 combo enable fiber
#
interface Ten-GigabitEthernet1/0/51
 port link-mode bridge
 combo enable fiber
#
interface Ten-GigabitEthernet1/0/52
 port link-mode bridge
 combo enable fiber
#
 scheduler logfile size 16
#
line class aux
 user-role network-operator
#
line class console
 user-role network-admin
#
line class tty
 user-role network-operator
#
line class vty
 user-role network-operator
#
line aux 0
 user-role network-operator
#
line con 0
 user-role network-admin
#
line vty 0 5
 user-role network-admin
 user-role network-operator
 set authentication password hash $h$6$HimzK4jbHgbv5sqq$RSi/o58sTkhxseIT7QLysxB7dF2oc/
9XTiG+RBIs8A11HR11zSEu2oq7V6UjFDiO8gG/W6Fp+vjxARR265IYuA==
#
line vty 6 63
```

```
 user - role network - operator
#
radius scheme system
 user - name - format without - domain
#
domain system
#
 domain default enable system
#
role name level - 0
 description Predefined level - 0 role
#
role name level - 1
 description Predefined level - 1 role
#
role name level - 2
 description Predefined level - 2 role
#
role name level - 3
 description Predefined level - 3 role
#
role name level - 4
 description Predefined level - 4 role
#
role name level - 5
 description Predefined level - 5 role
#
role name level - 6
 description Predefined level - 6 role
#
role name level - 7
 description Predefined level - 7 role
#
role name level - 8
 description Predefined level - 8 role
#
role name level - 9
 description Predefined level - 9 role
#
role name level - 10
 description Predefined level - 10 role
#
role name level - 11
 description Predefined level - 11 role
#
role name level - 12
 description Predefined level - 12 role
#
role name level - 13
 description Predefined level - 13 role
```

```
#
role name level - 14
 description Predefined level - 14 role
#
user - group system
#
return
```

（3）PC_1 配置截图如图 1.9 所示。

配置PC_1

接口	状态	IPv4地址	IPv6地址
G0/0/1	UP	192.168.1.2/24	
G0/0/2	ADM		

刷新

接口管理

○ 禁用　◉ 启用

IPv4配置：

○ DHCP

◉ 静态

IPv4地址：192.168.1.2

掩码地址：255.255.255.0

IPv4网关：

启用

IPv6配置：

○ DHCPv6

◉ 静态

IPv6地址：

前缀长度：

IPv6网关：

启用

图 1.9　PC_1 配置截图

（4）PC_2 配置截图如图 1.10 所示。

配置PC_2

接口	状态	IPv4地址	IPv6地址
G0/0/1	UP	192.168.1.3/24	
G0/0/2	ADM		

刷新

接口管理

○ 禁用　◉ 启用

IPv4配置：

○ DHCP

◉ 静态

IPv4地址：192.168.1.3

掩码地址：255.255.255.0

IPv4网关：

启用

IPv6配置：

○ DHCPv6

◉ 静态

IPv6地址：

前缀长度：

IPv6网关：

启用

图 1.10　PC_2 配置截图

(5) PC_3 配置截图如图 1.11 所示。

图 1.11　PC_3 配置截图

案例 

VLAN扩展配置与三层交换配置

2.1 案例目的

通过该案例的学习，能在理解交换机及 VLAN 原理的基础上，进行 VLAN 扩展与三层交换在相应使用场景下的功能配置。

2.2 案例引言

VLAN 扩展配置与三层交换配置在二层、三层设备上是很重要的应用，其运用目的是解决多设备、跨 VLAN 间的协同工作问题。

GVRP(GARP VLAN Registration Protocol，GARP VLAN 注册协议)是 GARP(Generic Attribute Registration Protocol，通用属性注册协议)的一种应用。它基于 GARP 的工作机制，维护交换机中的 VLAN 动态注册信息，并传播该信息到其他交换机中。

GARP 提供了一种机制，用于协助同一个交换网内的交换成员之间分发、传播和注册某种信息(如 VLAN、组播地址等)。

交换机启动 GVRP 特性后，能够接收来自其他交换机的 VLAN 注册信息，并动态更新本地的 VLAN 注册信息，包括当前的 VLAN 成员、这些 VLAN 成员可以通过哪个端口到达等。而且交换机能够将本地的 VLAN 注册信息向其他交换机传播，以便使同一交换网内所有设备的 VLAN 信息达成一致。VLAN 注册信息既包括本地手工配置的静态注册信息，也包括来自其他交换机的动态注册信息。

MRP(Multiple Register Protocol，多属性注册协议)作为一个属性注册协议的载体，可以用来传播属性消息。遵循 MRP 的应用实体称为 MRP 应用，MVRP(Multiple VLAN Register Protocol，多 VLAN 注册协议)就是 MRP 的应用之一。MRP 和 MVRP 分别是 GARP 及 GVRP 的升级版本，提高了属性声明效率，用于替代 GARP 和 GVRP。MVRP 用于在设备间发布并学习 VLAN 配置信息，使得设备能够自动同步 VLAN 配置，减少网管人员的配置工作。在网络拓扑变化后，MVRP 根据新的拓扑重新发布及学习 VLAN，做到实时与网络拓扑同步更新。

协议 VTP 用来确保配置的一致性。它是 Cisco 的专用协议,大多数 Catalyst 交换机都支持该协议。VTP 协议可以减少 VLAN 相关的管理任务。

2.2.1 MRP 实现机制

设备上每一个参与协议的端口都可以视为一个应用实体,当 MRP 应用(如 MVRP)在端口上启动之后,该端口就可视为一个 MRP 应用实体。

通过 MRP 机制,一个 MRP 应用实体上的配置信息会迅速传遍整个局域网。如图 2.1 所示,MRP 应用实体通过发送两种协议报文(声明、回收声明)通知其他 MRP 应用实体来注册或注销自己的属性信息,并根据其他 MRP 实体发来的声明或回收声明来注册或注销对方的属性信息。

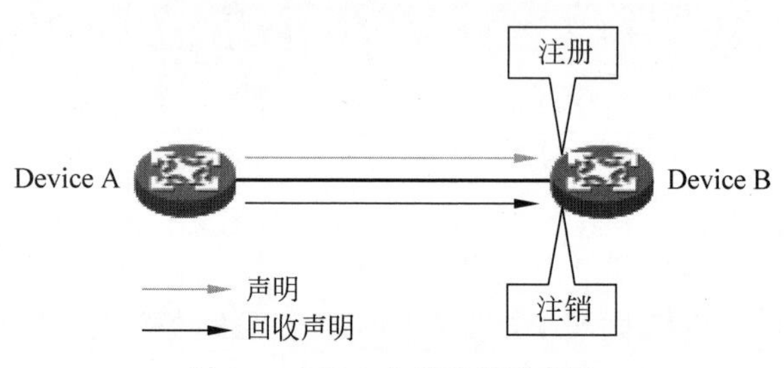

图 2.1　MRP 实现机制示意图

2.2.2 MRP 消息

MRP 应用实体之间的信息交换借助传递各种消息来完成,主要包括 Join 消息、New 消息、Leave 消息和 LeaveAll 消息,它们通过互相配合来确保信息的注册或注销。由于 MVRP 基于 MRP 实现,因此,MVRP 也是通过 MRP 消息进行信息交互的。

1. Join 消息

当一个 MRP 应用实体希望其他 MRP 实体注册自己的属性信息时,它会发送 Join 消息;当收到来自其他实体的 Join 消息或由于本实体静态配置了某些属性而需要其他实体进行注册时,它也会发送 Join 消息。Join 消息又分为 JoinEmpty 和 JoinIn 两种,二者的区别如下:

(1) JoinEmpty:用于声明一个本身没有注册的属性。

(2) JoinIn:用于声明一个本身已经注册的属性。

2. New 消息

MSTP(Multiple Spanning Tree Protocol,多生成树协议)拓扑变化(这里指检测到 MSTP 的 TcDetected 事件)时,MRP 应用实体需要向外发送 New 消息。当收到来自其他实体的 New 消息时,它也会发送 New 消息。New 消息的作用和 Join 消息比较类似,都是为了实现属性的注册。

3. Leave 消息

当一个 MRP 应用实体收到来自其他实体的 Leave 消息或由于本实体注销了某些属性而需要其他实体进行注销时,它也会发送 Leave 消息。

4. LeaveAll 消息

每个 MRP 应用实体启动时都会启动各自的 LeaveAll 定时器,当该定时器超时后,该

MRP 实体就会对外发送 LeaveAll 消息。LeaveAll 消息用来注销所有的属性,以使其他 MRP 实体重新注册本实体上所有的属性信息,从而周期性地清除网络中的垃圾属性;当收到来自其他实体的 LeaveAll 消息时,该 MRP 实体会根据其属性状态决定是否发送 Join 消息要求发送 LeaveAll 的实体重新注册。在发送 LeaveAll 消息的同时 MRP 实体重新启动 LeaveAll 定时器,开始新的一轮循环。

2.2.3 MRP 定时器

MRP 定义了四种定时器,用于控制各种 MRP 消息的发送。

1. Periodic 定时器

每个 MRP 应用实体启动时都会启动各自的 Periodic 定时器,来控制 MRP 消息的发送。该定时器超时前,MRP 应用实体需要发送 MRP 消息时,不会立即将该消息发送出去,而是在该定时器超时后,将此时间间隔内待发送的所有 MRP 消息封装成尽可能少的报文发送出去,这样减少了报文发送数量,同时可以定期发送报文。随后再重新启动 Periodic 定时器,开始新一轮的循环。

Periodic 定时器允许用户通过命令行开启或关闭。如果关闭 Periodic 定时器,则不再周期发送 MRP 消息。

2. Join 定时器

Join 定时器用来控制消息的发送。为了保证消息能够可靠地传输到其他实体,MRP 应用实体在发出 Join 消息后将等待一个 Join 定时器的时间间隔。如果在该定时器超时前收到了其他实体发来的 JoinIn 消息,便不再重发该 Join 消息。在该定时器超时后,如果此时 Periodic 定时器也超时,它将重发一次该 Join 消息;否则不发送该 Join 消息。

3. Leave 定时器

Leave 定时器用来控制属性的注销。当 MRP 应用实体希望其他实体注销自己的某属性信息时会发送 Leave 消息,收到该消息的实体将启动 Leave 定时器,只有在该定时器超时前没有收到该属性信息的 Join 消息,该属性信息才会被注销。

4. LeaveAll 定时器

每个 MRP 应用实体启动时都会启动各自的 LeaveAll 定时器,当该定时器超时后,该 MRP 实体就会对外发送 LeaveAll 消息,以使其他实体重新注册本实体上所有的属性信息。随后再重新启动 LeaveAll 定时器,开始新一轮的循环。收到 LeaveAll 消息的实体将重新启动 LeaveAll 定时器。

尽管全网各设备上 LeaveAll 定时器的值有可能不同,但这些设备都将以相邻端口的 LeaveAll 定时器的最小值为周期来发送 LeaveAll 消息,并且,下次重启后,各个端口的 LeaveAll 定时器的值都将在一定范围内随机变动。

2.2.4 MRP 报文封装格式

MRP 报文封装格式如图 2.2 所示。

如图 2.2 所示,MRP 报文采用 IEEE 802.3 Ethernet 封装格式,其中主要字段说明如表 2.1 所示。

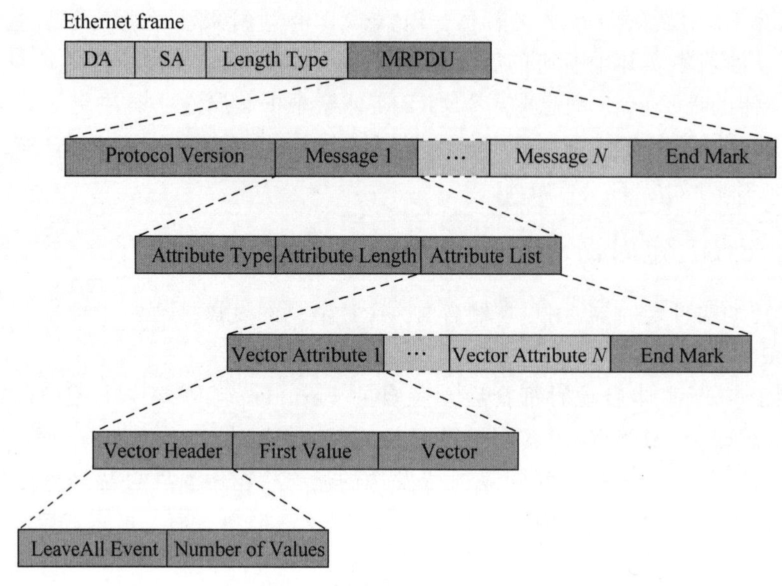

图 2.2 MRP 报文封装格式

表 2.1 MRP 报文主要字段说明

字　段	说　明
MRPDU	封装在 MRP 报文中的 MRPDU(MRP Protocol Data Unit,MRP 协议数据单元)
Protocol Version	协议版本号,目前为 0
Message	属性消息,每个消息都由 Attribute Type、Attribute Length 和 Attribute List 三个字段构成
End Mark	属性及消息的结束标记,取值为 0x00
Attribute Type	属性类型,目前使用的是 VID Vector 属性类型,取值为 1
Attribute Length	First Value 字段的长度取值,在 MVRP 中规定其取值为 2
Attribute List	属性列表,由多个属性构成
Vector Attribute	属性,每个属性都由 Vector Header、First Value 和 Vector 这三个字段构成
Vector Header	向量头域,每个向量头域由 LeaveAll Event 和 Number of Values 这两个字段构成
First Value	起始属性值,长度为 2 字节
Vector	属性数据,每个字节代表 3 个属性的动作值,动作值分别定义为 0x00：New operator 0x01：JoinIn operator 0x02：In operator 0x03：JoinMt operator 0x04：Mt operator 0x05：Lv operator 设共用同一个字节的 3 个属性的动作值分别为 A1、A2 和 A3,则 A1A2A3 对应的字节值应为((A1 * 6 + A2) * 6) + A3,取值范围为[0, 255]
LeaveAll Event	是否为 LeaveAll 操作： 0 表示非 LeaveAll 操作 1 表示 LeaveAll 操作
Number of Values	Vector 字段中包含的属性值数量,长度为 13bits

MRP 报文以特定组播 MAC 地址为目的 MAC，如 MVRP 的目的 MAC 地址为 01-80-C2-00-00-21，Type 为 88F5。当设备在收到 MRP 应用实体的报文后，会根据其目的 MAC 地址分发给不同的 MRP 应用进行处理。

2.2.5 MVRP 实现

1. MVRP 概述

MVRP 是 MRP 应用的一种，它基于 MRP 的工作机制来维护设备中的 VLAN 动态注册信息，并将该信息向其他设备传播。当设备启动了 MVRP 之后，就能够接收来自其他设备的 VLAN 注册信息，并动态更新本地的 VLAN 注册信息，包括当前的 VLAN 成员及这些 VLAN 成员可通过哪个端口到达等；此外，设备还能够将本地的 VLAN 注册信息向其他设备传播，从而使同一局域网内所有设备的 VLAN 信息都达成一致。

MVRP 传播的 VLAN 注册信息既包括本地手工配置的静态注册信息，也包括来自其他设备的动态注册信息。

2. MVRP 实现机制

MVRP 协议实现 VLAN 属性注册和注销的方式如下：

当端口收到一个 VLAN 属性的声明时，该端口将注册该声明中所包含的 VLAN 属性（即该端口加入该 VLAN 中）。

当端口收到一个 VLAN 属性的回收声明时，该端口将注销该声明中所包含的 VLAN 属性（即该端口退出该 VLAN）。

MVRP 协议在某一个 MSTI 上的实现机制，属于比较简单的一种情况，在实际应用的复杂组网情况下，可能存在多个 MSTI，而 VLAN 的注册和注销只会在各自的 MSTI 上进行。

3. MVRP 的注册模式

将通过手工创建的 VLAN 称为静态 VLAN，通过 MVRP 协议创建的 VLAN 称为动态 VLAN。MVRP 有三种注册模式，不同注册模式对静态 VLAN 和动态 VLAN 的处理方式也不同。

1）Normal 模式

该模式下的接口允许进行动态 VLAN 的注册或注销，并允许发送动态和静态 VLAN 的声明。

2）Fixed 模式

该模式下的接口禁止动态 VLAN 的注销，但允许发送动态和静态 VLAN 的声明，收到的 MVRP 报文会被忽略丢弃。也就是说，该模式下的 Trunk 接口，学习到的动态 VLAN 是不会被注销的，同时也不会学习到新的动态 VLAN。

3）Forbidden 模式

该模式下的接口禁止进行动态 VLAN 的注册，但允许发送动态和静态 VLAN 的声明，收到的 MVRP 报文会被忽略丢弃。也就是说，该模式下的 Trunk 接口，不允许进行动态 VLAN 的注册，一旦学习到的动态 VLAN 被注销后，不会重新进行学习。

2.2.6 协议规范

与 MVRP 相关的协议规范有 IEEE 802.1ak-2007-IEEE Standard for Local and Metropolitan

Area Networks-Virtual Bridged Local Area Networks-Amendment 07：Multiple Registration Protocol。

2.3 步骤说明

在进行 VLAN 扩展配置与三层交换配置时，其详细步骤如下（以 HCL 模拟器中操作为例）：

（1）在模拟器中搭建拓扑。

（2）设备 IP 地址规划。

（3）登录交换机。

（4）进入系统视图模式。

（5）在三层交换机 1 上创建 VLAN2 和 VLAN3。

（6）设置各 VLAN 地址。

（7）交换机互联的端口的链路类型配置为中继模式。

（8）相应端口划分到所属 VLAN。

（9）配置 MVRP 功能。

（10）测试验证配置。

（11）保存并整理配置文档。

上述 11 个步骤的详细配置方法和过程以及测试验证，参见 2.5 节～2.8 节的内容。

2.4 应用效果

MVRP 用于在设备间发布并学习 VLAN 配置信息，在网络拓扑变化后，可根据新的拓扑重新发布及学习 VLAN，做到实时与网络拓扑同步更新，使得设备能够自动同步 VLAN 配置，减少网管人员的配置工作。

2.5 拓扑构建及地址规划

1. 在模拟器中搭建拓扑

在模拟器中搭建拓扑如图 2.3 所示。

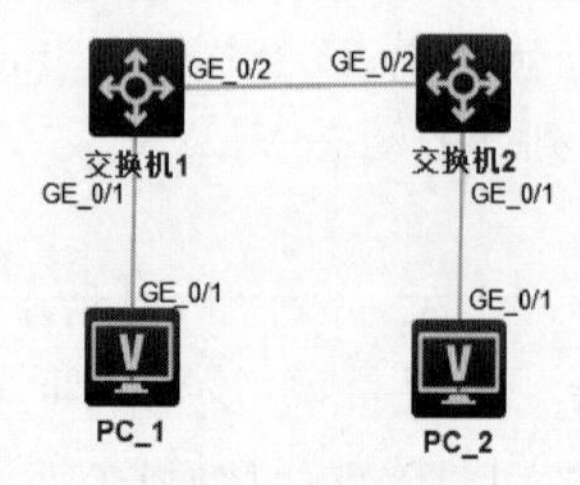

图 2.3 拓扑图

2. 各设备 IP 地址规划

IP 地址分配表如表 2.2 所示。

表 2.2 IP 地址分配表

设备名称	拓扑图接口(设备中实际接口)	IP 地址/掩码	网关
PC_1	GE_0/1(G0/0/1)	192.168.2.2/24	192.168.2.1
PC_2	GE_0/1(G0/0/1)	192.168.3.2/24	192.168.3.1
交换机 1	VLAN2 地址	192.168.2.1/24	—
	VLAN3 地址	192.168.3.1/24	—
交换机 2	—	—	—

2.6 功能配置

1. 在三层交换机 1 上创建 VLAN2 和 VLAN3

系统模式下,用 VLAN 命令创建 VLAN 并进入 VLAN 视图,如果之前已经创建了该 VLAN,用 VLAN 命令则直接进入 VLAN 视图。配置如下:

```
[SW1]vlan 2
[SW1 - vlan3]quit
[SW1]vlan 3
```

2. 设置各 VLAN 地址

系统模式下,用 interface 命令进入 VLAN 接口视图,根据 IP 地址分配表给两个 VLAN 接口配置相应的 IP 地址。配置结果如下:

```
[SW1]interface vlan - interface 2
[SW1 - Vlan - interface2]ip address 192.168.2.1 24
[SW1 - Vlan - interface2]quit
[SW1]interface vlan - interface 3
[SW1 - Vlan - interface3]ip address 192.168.3.1 24
```

3. 交换机互联的 GE0/2 口的链路类型配置为 trunk 模式

系统视图下进入接口 GE0/2,将该接口链路类型设置为 trunk,trunk 端口能够允许多个 VLAN 的数据帧通过。默认情况下,trunk 端口只允许 VLAN1 的数据帧通过,所以在这里要在 trunk 端口上允许通过所有 VLAN 数据帧。配置如下:

```
[SW1]interface GigabitEthernet 1/0/2
[SW1 - GigabitEthernet1/0/2]port link - type trunk
[SW1 - GigabitEthernet1/0/2]port trunk permit vlan all
```

```
[SW2]interface GigabitEthernet 1/0/2
[SW2 - GigabitEthernet1/0/2]port link - type trunk
[SW2 - GigabitEthernet1/0/2]port trunk permit vlan all
```

4. 交换机 1 的 GE0/1 口划分到 VLAN2

```
[SW1]vlan 2
[SW1 - vlan2]port GigabitEthernet 1/0/1
```

5. 交换机 2 的 GE0/1 划分到 VLAN3

```
[SW2]vlan 3
[SW2 - vlan3]port GigabitEthernet 1/0/1
```

6. 在交换机 1 和交换机 2 上配置 MVRP 功能

首先,在系统模式下开启全局 MVRP 功能,开启全局 MVRP 功能后,端口上的 MVRP 功能并不会自动开启,只能在 trunk 端口上开启 MVRP 功能。之前我们已经把 GE_0/2 的链路类型设置成了 trunk,在这里只需要进入接口,在接口模式下开启 MVRP 功能。配置结果如下:

```
[SW1]mvrp global enable
[SW1]interface GigabitEthernet 1/0/2
[SW1 - GigabitEthernet1/0/2]mvrp enable
```

```
[SW2]mvrp global enable
[SW2]interface GigabitEthernet 1/0/2
[SW2 - GigabitEthernet1/0/2]mvrp enable
```

7. 设置 IP 地址和网关

为 PC_1 和 PC_2 设置 IP 地址和网关,如图 2.4 和图 2.5 所示。

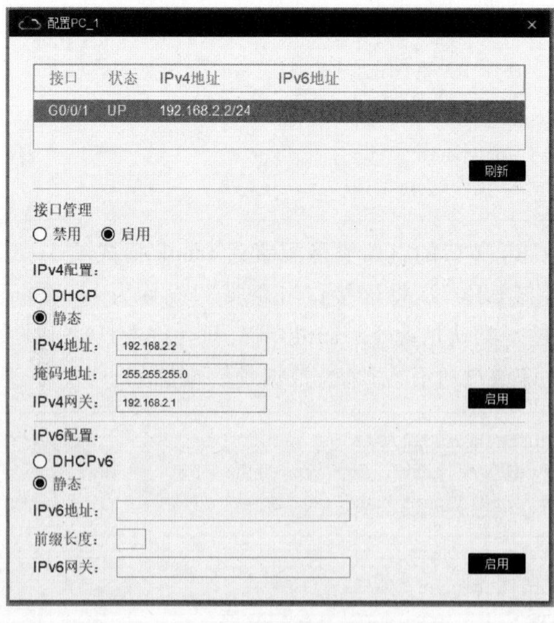

图 2.4 配置 PC_1

8. 验证配置,并能在 PC_1 和 PC_2 上相互 ping 通对方

在交换机 2 上用 display vlan dynamic 命令查看 VLAN 动态信息,可看出已经动态学习到 VLAN2,说明 MVRP 配置成功(可以思考一下,此处为何没有 VLAN3 信息出现)。在 PC_1 上也能成功 ping 通 PC_2,结果如图 2.6 和图 2.7 所示。

图 2.5 配置 PC_2

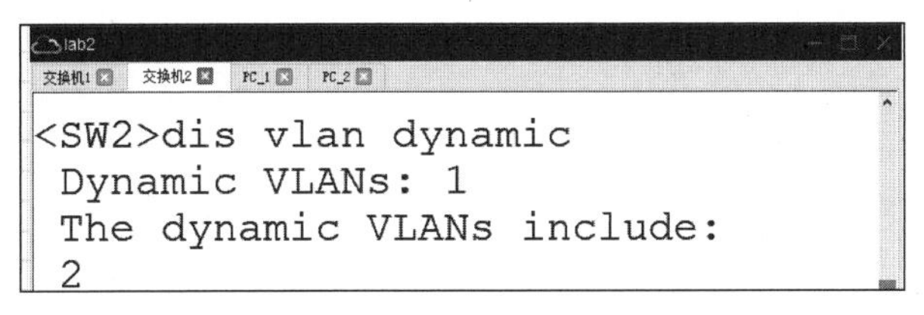

图 2.6 VLAN 动态信息图

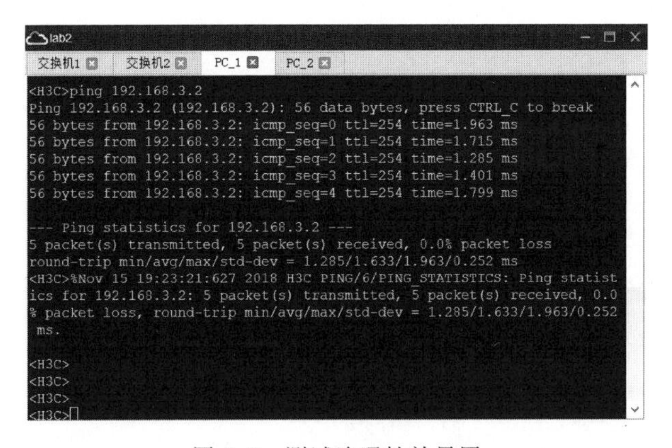

图 2.7 测试连通性效果图

2.7 思考题

(1) 当 VLAN2 和 VLAN3 分别配置在交换机 1 和交换机 2 上时，同时对应的 VLAN 的 IP 地址也分别配置在不同交换机上，结果会怎样？PC_1 和 PC_2 还能互通吗？

(2) 在题目(1)的前提下，如果要从与交换机 2 相连的 PC_2 上 ping 通 PC_1，交换机上该添加什么配置指令？

2.8 设备配置文档

关键配置语句已在下列设备导出配置文档中进行了标识。

操作演示视频

（1）交换机1配置文档如下：

```
#
 version 7.1.075, Alpha 7571
#
 sysname SW1
#
 irf mac-address persistent timer
 irf auto-update enable
 undo irf link-delay
 irf member 1 priority 1
#
 lldp global enable
#
 mvrp global enable
#
 system-working-mode standard
 xbar load-single
 password-recovery enable
 lpu-type f-series
#
vlan 1
#
vlan 2 to 3
#
 stp global enable
#
interface NULL0
#
interface Vlan-interface2
 ip address 192.168.2.1 255.255.255.0
#
interface Vlan-interface3
 ip address 192.168.3.1 255.255.255.0
#
interface FortyGigE1/0/53
 port link-mode bridge
#
interface FortyGigE1/0/54
 port link-mode bridge
#
interface GigabitEthernet1/0/1
 port link-mode bridge
 port access vlan 2
 combo enable fiber
```

```
#
interface GigabitEthernet1/0/2
 port link-mode bridge
 port link-type trunk
 port trunk permit vlan all
 combo enable fiber
 mvrp enable
#
interface GigabitEthernet1/0/3
 port link-mode bridge
 combo enable fiber
#
interface GigabitEthernet1/0/4
 port link-mode bridge
 combo enable fiber
#
interface GigabitEthernet1/0/5
 port link-mode bridge
 combo enable fiber
#
interface GigabitEthernet1/0/6
 port link-mode bridge
 combo enable fiber
#
interface GigabitEthernet1/0/7
 port link-mode bridge
 combo enable fiber
#
interface GigabitEthernet1/0/8
 port link-mode bridge
 combo enable fiber
#
interface GigabitEthernet1/0/9
 port link-mode bridge
 combo enable fiber
#
interface GigabitEthernet1/0/10
 port link-mode bridge
 combo enable fiber
#
interface GigabitEthernet1/0/11
 port link-mode bridge
 combo enable fiber
#
interface GigabitEthernet1/0/12
 port link-mode bridge
 combo enable fiber
#
interface GigabitEthernet1/0/13
 port link-mode bridge
 combo enable fiber
#
interface GigabitEthernet1/0/14
```

```
 port link-mode bridge
 combo enable fiber
#
interface GigabitEthernet1/0/15
 port link-mode bridge
 combo enable fiber
#
interface GigabitEthernet1/0/16
 port link-mode bridge
 combo enable fiber
#
interface GigabitEthernet1/0/17
 port link-mode bridge
 combo enable fiber
#
interface GigabitEthernet1/0/18
 port link-mode bridge
 combo enable fiber
#
interface GigabitEthernet1/0/19
 port link-mode bridge
 combo enable fiber
#
interface GigabitEthernet1/0/20
 port link-mode bridge
 combo enable fiber
#
interface GigabitEthernet1/0/21
 port link-mode bridge
 combo enable fiber
#
interface GigabitEthernet1/0/22
 port link-mode bridge
 combo enable fiber
#
interface GigabitEthernet1/0/23
 port link-mode bridge
 combo enable fiber
#
interface GigabitEthernet1/0/24
 port link-mode bridge
 combo enable fiber
#
interface GigabitEthernet1/0/25
 port link-mode bridge
 combo enable fiber
#
interface GigabitEthernet1/0/26
 port link-mode bridge
 combo enable fiber
#
interface GigabitEthernet1/0/27
 port link-mode bridge
```

```
 combo enable fiber
#
interface GigabitEthernet1/0/28
 port link-mode bridge
 combo enable fiber
#
interface GigabitEthernet1/0/29
 port link-mode bridge
 combo enable fiber
#
interface GigabitEthernet1/0/30
 port link-mode bridge
 combo enable fiber
#
interface GigabitEthernet1/0/31
 port link-mode bridge
 combo enable fiber
#
interface GigabitEthernet1/0/32
 port link-mode bridge
 combo enable fiber
#
interface GigabitEthernet1/0/33
 port link-mode bridge
 combo enable fiber
#
interface GigabitEthernet1/0/34
 port link-mode bridge
 combo enable fiber
#
interface GigabitEthernet1/0/35
 port link-mode bridge
 combo enable fiber
#
interface GigabitEthernet1/0/36
 port link-mode bridge
 combo enable fiber
#
interface GigabitEthernet1/0/37
 port link-mode bridge
 combo enable fiber
#
interface GigabitEthernet1/0/38
 port link-mode bridge
 combo enable fiber
#
interface GigabitEthernet1/0/39
 port link-mode bridge
 combo enable fiber
#
interface GigabitEthernet1/0/40
 port link-mode bridge
 combo enable fiber
```

```
#
interface GigabitEthernet1/0/41
 port link - mode bridge
 combo enable fiber
#
interface GigabitEthernet1/0/42
 port link - mode bridge
 combo enable fiber
#
interface GigabitEthernet1/0/43
 port link - mode bridge
 combo enable fiber
#
interface GigabitEthernet1/0/44
 port link - mode bridge
 combo enable fiber
#
interface GigabitEthernet1/0/45
 port link - mode bridge
 combo enable fiber
#
interface GigabitEthernet1/0/46
 port link - mode bridge
 combo enable fiber
#
interface GigabitEthernet1/0/47
 port link - mode bridge
 combo enable fiber
#
interface GigabitEthernet1/0/48
 port link - mode bridge
 combo enable fiber
#
interface M - GigabitEthernet0/0/0
#
interface Ten - GigabitEthernet1/0/49
 port link - mode bridge
 combo enable fiber
#
interface Ten - GigabitEthernet1/0/50
 port link - mode bridge
 combo enable fiber
#
interface Ten - GigabitEthernet1/0/51
 port link - mode bridge
 combo enable fiber
#
interface Ten - GigabitEthernet1/0/52
 port link - mode bridge
 combo enable fiber
#
 scheduler logfile size 16
```

```
#
line class aux
 user - role network - operator
#
line class console
 user - role network - admin
#
line class tty
 user - role network - operator
#
line class vty
 user - role network - operator
#
line aux 0
 user - role network - operator
#
line con 0
 user - role network - admin
#
line vty 0 63
 user - role network - operator
#
radius scheme system
 user - name - format without - domain
#
domain name system
#
 domain default enable system
#
role name level - 0
 description Predefined level - 0 role
#
role name level - 1
 description Predefined level - 1 role
#
role name level - 2
 description Predefined level - 2 role
#
role name level - 3
 description Predefined level - 3 role
#
role name level - 4
 description Predefined level - 4 role
#
role name level - 5
 description Predefined level - 5 role
#
role name level - 6
 description Predefined level - 6 role
#
role name level - 7
 description Predefined level - 7 role
```

```
#
role name level-8
 description Predefined level-8 role
#
role name level-9
 description Predefined level-9 role
#
role name level-10
 description Predefined level-10 role
#
role name level-11
 description Predefined level-11 role
#
role name level-12
 description Predefined level-12 role
#
role name level-13
 description Predefined level-13 role
#
role name level-14
 description Predefined level-14 role
#
user-group system
#
return
```

（2）交换机 2 配置文档如下：

```
#
 version 7.1.075, Alpha 7571
#
 sysname SW2
#
 irf mac-address persistent timer
 irf auto-update enable
 undo irf link-delay
 irf member 1 priority 1
#
 lldp global enable
#
 mvrp global enable
#
 system-working-mode standard
 xbar load-single
 password-recovery enable
 lpu-type f-series
#
vlan 1
#
vlan 3
#
 stp global enable
```

```
#
interface NULL0
#
interface FortyGigE1/0/53
 port link - mode bridge
#
interface FortyGigE1/0/54
 port link - mode bridge
#
interface GigabitEthernet1/0/1
 port link - mode bridge
 port access vlan 3
 combo enable fiber
#
interface GigabitEthernet1/0/2
 port link - mode bridge
 port link - type trunk
 port trunk permit vlan all
 combo enable fiber
 mvrp enable
#
interface GigabitEthernet1/0/3
 port link - mode bridge
 combo enable fiber
#
interface GigabitEthernet1/0/4
 port link - mode bridge
 combo enable fiber
#
interface GigabitEthernet1/0/5
 port link - mode bridge
 combo enable fiber
#
interface GigabitEthernet1/0/6
 port link - mode bridge
 combo enable fiber
#
interface GigabitEthernet1/0/7
 port link - mode bridge
 combo enable fiber
#
interface GigabitEthernet1/0/8
 port link - mode bridge
 combo enable fiber
#
interface GigabitEthernet1/0/9
 port link - mode bridge
 combo enable fiber
#
interface GigabitEthernet1/0/10
 port link - mode bridge
 combo enable fiber
```

```
#
interface GigabitEthernet1/0/11
 port link-mode bridge
 combo enable fiber
#
interface GigabitEthernet1/0/12
 port link-mode bridge
 combo enable fiber
#
interface GigabitEthernet1/0/13
 port link-mode bridge
 combo enable fiber
#
interface GigabitEthernet1/0/14
 port link-mode bridge
 combo enable fiber
#
interface GigabitEthernet1/0/15
 port link-mode bridge
 combo enable fiber
#
interface GigabitEthernet1/0/16
 port link-mode bridge
 combo enable fiber
#
interface GigabitEthernet1/0/17
 port link-mode bridge
 combo enable fiber
#
interface GigabitEthernet1/0/18
 port link-mode bridge
 combo enable fiber
#
interface GigabitEthernet1/0/19
 port link-mode bridge
 combo enable fiber
#
interface GigabitEthernet1/0/20
 port link-mode bridge
 combo enable fiber
#
interface GigabitEthernet1/0/21
 port link-mode bridge
 combo enable fiber
#
interface GigabitEthernet1/0/22
 port link-mode bridge
 combo enable fiber
#
interface GigabitEthernet1/0/23
 port link-mode bridge
 combo enable fiber
```

```
#
interface GigabitEthernet1/0/24
 port link - mode bridge
 combo enable fiber
#
interface GigabitEthernet1/0/25
 port link - mode bridge
 combo enable fiber
#
interface GigabitEthernet1/0/26
 port link - mode bridge
 combo enable fiber
#
interface GigabitEthernet1/0/27
 port link - mode bridge
 combo enable fiber
#
interface GigabitEthernet1/0/28
 port link - mode bridge
 combo enable fiber
#
interface GigabitEthernet1/0/29
 port link - mode bridge
 combo enable fiber
#
interface GigabitEthernet1/0/30
 port link - mode bridge
 combo enable fiber
#
interface GigabitEthernet1/0/31
 port link - mode bridge
 combo enable fiber
#
interface GigabitEthernet1/0/32
 port link - mode bridge
 combo enable fiber
#
interface GigabitEthernet1/0/33
 port link - mode bridge
 combo enable fiber
#
interface GigabitEthernet1/0/34
 port link - mode bridge
 combo enable fiber
#
interface GigabitEthernet1/0/35
 port link - mode bridge
 combo enable fiber
#
interface GigabitEthernet1/0/36
 port link - mode bridge
 combo enable fiber
```

```
#
interface GigabitEthernet1/0/37
 port link - mode bridge
 combo enable fiber
#
interface GigabitEthernet1/0/38
 port link - mode bridge
 combo enable fiber
#
interface GigabitEthernet1/0/39
 port link - mode bridge
 combo enable fiber
#
interface GigabitEthernet1/0/40
 port link - mode bridge
 combo enable fiber
#
interface GigabitEthernet1/0/41
 port link - mode bridge
 combo enable fiber
#
interface GigabitEthernet1/0/42
 port link - mode bridge
 combo enable fiber
#
interface GigabitEthernet1/0/43
 port link - mode bridge
 combo enable fiber
#
interface GigabitEthernet1/0/44
 port link - mode bridge
 combo enable fiber
#
interface GigabitEthernet1/0/45
 port link - mode bridge
 combo enable fiber
#
interface GigabitEthernet1/0/46
 port link - mode bridge
 combo enable fiber
#
interface GigabitEthernet1/0/47
 port link - mode bridge
 combo enable fiber
#
interface GigabitEthernet1/0/48
 port link - mode bridge
 combo enable fiber
```

```
#
interface M-GigabitEthernet0/0/0
#
interface Ten-GigabitEthernet1/0/49
 port link-mode bridge
 combo enable fiber
#
interface Ten-GigabitEthernet1/0/50
 port link-mode bridge
 combo enable fiber
#
interface Ten-GigabitEthernet1/0/51
 port link-mode bridge
 combo enable fiber
#
interface Ten-GigabitEthernet1/0/52
 port link-mode bridge
 combo enable fiber
#
 scheduler logfile size 16
#
line class aux
 user-role network-operator
#
line class console
 user-role network-admin
#
line class tty
 user-role network-operator
#
line class vty
 user-role network-operator
#
line aux 0
 user-role network-operator
#
line con 0
 user-role network-admin
#
line vty 0 63
 user-role network-operator
#
radius scheme system
 user-name-format without-domain
#
domain name system
#
 domain default enable system
#
role name level-0
```

```
 description Predefined level - 0 role
#
role name level - 1
 description Predefined level - 1 role
#
role name level - 2
 description Predefined level - 2 role
#
role name level - 3
 description Predefined level - 3 role
#
role name level - 4
 description Predefined level - 4 role
#
role name level - 5
 description Predefined level - 5 role
#
role name level - 6
 description Predefined level - 6 role
#
role name level - 7
 description Predefined level - 7 role
#
role name level - 8
 description Predefined level - 8 role
#
role name level - 9
 description Predefined level - 9 role
#
role name level - 10
 description Predefined level - 10 role
#
role name level - 11
 description Predefined level - 11 role
#
role name level - 12
 description Predefined level - 12 role
#
role name level - 13
 description Predefined level - 13 role
#
role name level - 14
 description Predefined level - 14 role
#
user - group system
#
return
```

（3）PC_1 配置如图 2.8 所示。

图 2.8　配置 PC_1 图

（4）PC_2 配置如图 2.9 所示。

图 2.9　配置 PC_2 图

路由器基本配置

3.1 案例目的

通过该案例的学习，能在理解路由器基本原理的基础上，进行 RIP、OSPF 路由协议在相应使用场景下的基础功能配置。

3.2 案例引言

路由器的关键作用是用于网络的互连，每个路由器与两个以上的实际网络相连，负责在这些网络之间转发数据。在讨论 IP 进行选路和对报文进行转发时，我们总是假设路由器包含了正确的路由，而且路由器可以利用 ICMP 重定向机制来要求与之相连的主机更改路由。但在实际情况下，IP 进行选路之前必须先通过某种方法获取正确的路由表。在小型的、变化缓慢的互连网络中，管理者可以用手工方式来建立和更改路由表。而在大型的、迅速变化的环境下，人工更新的办法效率非常低。这就需要自动更新路由表的方法，即所谓的动态路由协议，目前应用较多的路由协议有 RIP 和 OSPF，它们同属于内部网关协议，但 RIP 基于距离向量算法，而 OSPF 基于链路状态的最短路径优先算法。它们在网络中利用的传输技术也不同。

随着 Internet 技术在全球范围内的飞速发展，IP 网络作为一种最有前景的网络技术，受到了人们的普遍关注。而作为 IP 网络生存、运作、组织的核心——IP 路由技术提供了解决 IP 网络动态可变性、实时性、QoS 等关键技术的一种可能。在众多的路由技术中，OSPF 协议已成为目前 Internet 广域网和 Intranet 企业网采用最多、应用最广泛的路由技术之一。

3.2.1 RIP 简介

RIP(Routing Information Protocol，路由信息协议)是一种较为简单的内部网关协议(Interior Gateway Protocol，IGP)，主要用于规模较小的网络中，例如校园网以及结构较简单的地区性网络。对于更为复杂的环境和大型网络，一般不使用 RIP。

由于 RIP 的实现较为简单，在配置和维护管理方面也远比 OSPF 和 IS-IS 容易，因此在实际组网中仍有广泛的应用。

1. RIP 工作机制

1) RIP 的基本概念

RIP 是一种基于距离向量(Distance-Vector,D-V)算法的协议,它通过 UDP 报文进行路由信息的交换,使用的端口号为 520。

RIP 使用跳数来衡量到达目的地址的距离,跳数称为度量值。在 RIP 中,路由器到与它直接相连网络的跳数为 0,通过一个路由器可达的网络的跳数为 1,其余以此类推。为限制收敛时间,RIP 规定度量值取 0～15 之间的整数,大于或等于 16 的跳数被定义为无穷大,即目的网络或主机不可达。由于这个限制,使得 RIP 不适合应用于大型网络。

为提高性能,防止产生路由环路,RIP 支持水平分割(Split Horizon)和毒性逆转(Poison Reverse)功能。

2) RIP 的路由数据库

每个运行 RIP 的路由器管理一个路由数据库,该路由数据库包含了到所有可达目的地的路由项,这些路由项包含下列信息:

(1) 目的地址:主机或网络的地址。

(2) 下一跳地址:为到达目的地,需要经过的相邻路由器的接口 IP 地址。

(3) 出接口:本路由器转发报文的出接口。

(4) 度量值:本路由器到达目的地的开销。

(5) 路由时间:从路由项最后一次被更新到现在所经过的时间,路由项每次被更新时,路由时间重置为 0。

(6) 路由标记(Route Tag):用于标识外部路由,在路由策略中可根据路由标记对路由信息进行灵活的控制。

3) RIP 定时器

RIP 受四个定时器的控制,分别是 Update、Timeout、Suppress 和 Garbage-Collect。

(1) Update 定时器,定义了发送路由更新的时间间隔。

(2) Timeout 定时器,定义了路由老化时间。如果在老化时间内没有收到关于某条路由的更新报文,则该条路由在路由表中的度量值将会被设置为 16。

(3) Suppress 定时器,定义了 RIP 路由处于抑制状态的时长。当一条路由的度量值变为 16 时,该路由将进入抑制状态。在被抑制状态,只有来自同一邻居且度量值小于 16 的路由更新才会被路由器接收,取代不可达路由。

(4) Garbage-Collect 定时器,定义了一条路由从度量值变为 16 开始,直到它从路由表里被删除所经过的时间。在 Garbage-Collect 时间内,RIP 以 16 作为度量值向外发送这条路由的更新,如果 Garbage-Collect 超时,该路由仍没有得到更新,则该路由将被从路由表中彻底删除。

4) 防止路由环路

RIP 是一种基于 D-V 算法的路由协议,由于它向邻居通告的是自己的路由表,存在发生路由环路的可能性。

RIP 通过以下机制来避免路由环路的产生:

(1) 计数到无穷(Counting to Infinity):将度量值等于 16 的路由定义为不可达

(Infinity)。在路由环路发生时,某条路由的度量值将会增加到16,该路由被认为不可达。

(2) 水平分割(Split Horizon):RIP从某个接口学到的路由,不会从该接口再发回给邻居路由器。这样不但减少了带宽消耗,还可以防止路由环路。

(3) 毒性逆转(Poison Reverse):RIP从某个接口学到路由后,将该路由的度量值设置为16(不可达),并从原接口发回邻居路由器。利用这种方式,可以清除对方路由表中的无用信息。

(4) 触发更新(Triggered Updates):RIP通过触发更新来避免在多个路由器之间形成路由环路的可能,而且可以加速网络的收敛速度。一旦某条路由的度量值发生了变化,就立刻向邻居路由器发布更新报文,而不是等到更新周期的到来。

2. RIP的启动和运行过程

RIP启动和运行的整个过程可描述如下:

路由器启动RIP后,便会向相邻的路由器发送请求报文(Request Message),相邻的RIP路由器收到请求报文后,响应该请求,回送包含本地路由表信息的响应报文(Response Message)。

路由器收到响应报文后,更新本地路由表,同时向相邻路由器发送触发更新报文,通告路由更新信息。相邻路由器收到触发更新报文后,又向其各自的相邻路由器发送触发更新报文。在一连串的触发更新广播后,各路由器都能得到并保持最新的路由信息。

RIP在默认情况下每隔30秒向相邻路由器发送本地路由表,运行RIP协议的相邻路由器在收到报文后,对本地路由进行维护,选择一条最佳路由,再向其各自相邻网络发送更新信息,使更新的路由最终能达到全局有效。同时,RIP采用老化机制对超时的路由进行老化处理,以保证路由的实时性和有效性。

3. RIP的版本

RIP有两个版本:RIP-1和RIP-2。

RIP-1是有类别路由协议(Classful Routing Protocol),它只支持以广播方式发布协议报文。RIP-1的协议报文无法携带掩码信息,它只能识别A、B、C类这样的自然网段的路由,因此RIP-1不支持不连续子网(Discontiguous Subnet)。

RIP-2是一种无类别路由协议(Classless Routing Protocol),与RIP-1相比,它有以下优势:

(1) 支持路由标记,在路由策略中可根据路由标记对路由进行灵活的控制。

(2) 报文中携带掩码信息,支持路由聚合和CIDR(Classless Inter-Domain Routing,无类域间路由)。

(3) 支持指定下一跳,在广播网上可以选择到最优下一跳地址。

(4) 支持组播路由发送更新报文,减少资源消耗。

(5) 支持对协议报文进行验证,并提供明文验证和MD5验证两种方式,增强安全性。

RIP-2有两种报文传送方式:广播方式和组播方式,默认将采用组播方式发送报文,使用的组播地址为224.0.0.9。当接口运行RIP-2广播方式时,也可接收RIP-1的报文。

4. RIP的报文格式

1) RIP-1的报文格式

RIP报文由头部(Header)和多个路由表项(Route Entries)组成。在一个RIP报文中,最多可以有 25 个路由表项。RIP-1 的报文格式如图 3.1 所示。

	0–7	7–15	15–31
Header	Command	Version	Must be zero
Route Entries	AFI		Must be zero
	IP Address		
	Must be zero		
	Must be zero		
	Metric		

图 3.1　RIP-1 的报文格式

各字段的解释如下：

(1) Command：标识报文的类型。值为 1 时表示 Request 报文，值为 2 时表示 Response 报文。

(2) Version：RIP 的版本号。对于 RIP-1 来说其值为 0x01。

(3) AFI(Address Family Identifier)：地址族标识，其值为 2 时表示 IP 协议。

(4) IP Address：该路由的目的 IP 地址，可以是自然网段地址、子网地址或主机地址。

(5) Metric：路由的度量值。

2) RIP-2 的报文格式

RIP-2 的报文格式与 RIP-1 类似，如图 3.2 所示。

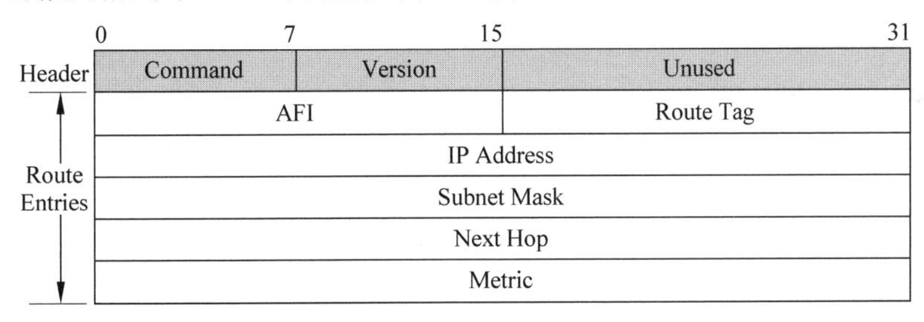

图 3.2　RIP-2 的报文格式

其中，与 RIP-1 不同的字段如下：

(1) Version：RIP 的版本号。对于 RIP-2 来说其值为 0x02。

(2) Route Tag：路由标记。

(3) IP Address：该路由的目的 IP 地址，可以是自然网段地址、子网地址或主机地址。

(4) Subnet Mask：目的地址的掩码。

(5) Next Hop：如果为 0.0.0.0，则表示发布此条路由信息的路由器地址就是最优下一跳地址，否则表示提供了一个比发布此条路由信息的路由器更优的下一条地址。

3) RIP-2 的验证

RIP-2 为了支持报文验证，使用第一个路由表项(Route Entry)作为验证项，并将 AFI 字段的值设为 0xFFFF 标识报文携带认证信息，如图 3.3 所示。

各字段的解释如下：

(1) Authentication Type：验证类型。值为 2 时表示明文验证，值为 3 时表示 MD5 验证。

(2) Authentication：验证字，当使用明文验证时包含了密码信息；当使用 MD5 验证时包含了 Key ID、MD5 验证数据长度和序列号的信息。

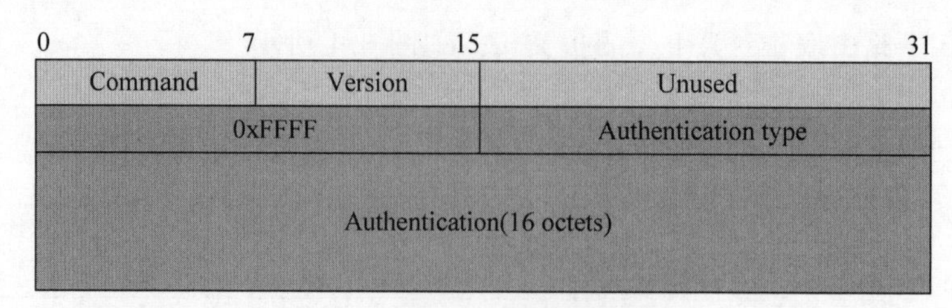

图 3.3 RIP-2 的验证报文格式

说明：

RFC1723 中只定义了明文验证方式，关于 MD5 验证的详细信息，请参考 RFC2082 RIP-2 MD5 Authentication。

当 RIP 的版本为 RIP-1 时，虽然在接口视图下仍然可以配置验证方式，但由于 RIP-1 不支持认证，因此该配置不会生效。

5. 支持的 RIP 特性

目前设备支持以下 RIP 特性：

(1) 支持 RIP-1。

(2) 支持 RIP-2。

6. 协议规范

与 RIP 相关的协议规范如下：

(1) RFC1058：Routing Information Protocol。

(2) RFC1723：RIP Version 2-Carrying Additional Information。

(3) RFC1721：RIP Version 2 Protocol Analysis。

(4) RFC1722：RIP Version 2 Protocol Applicability Statement。

(5) RFC1724：RIP Version 2 MIB Extension。

(6) RFC2082：RIP-2 MD5 Authentication。

3.2.2 OSPF 简介

OSPF(Open Shortest Path First，开放最短路径优先)是 IETF(Internet Engineering Task Force，互联网工程任务组)组织开发的一个基于链路状态的内部网关协议。目前针对 IPv4 协议使用的是 OSPF Version 2。下文中所提到的 OSPF 均指 OSPF Version 2。

1. OSPF 的特点

OSPF 具有如下特点：

(1) 适应范围广：支持各种规模的网络，最多可支持几百台路由器。

(2) 快速收敛：在网络的拓扑结构发生变化后立即发送更新报文，使这一变化在自治系统中同步。

(3) 无自环：由于 OSPF 根据收集到的链路状态用最短路径树算法计算路由，从算法本身保证了不会生成自环路由。

(4) 区域划分：允许自治系统的网络被划分成区域来管理。路由器链路状态数据库的减小降低了内存的消耗和 CPU 的负担；区域间传送路由信息的减少降低了网络带宽的占用。

(5) 等价路由：支持到同一目的地址的多条等价路由。

(6) 路由分级：使用 4 类不同的路由，按优先顺序来说分别是区域内路由、区域间路由、第一类外部路由、第二类外部路由。

(7) 支持验证：支持基于区域和接口的报文验证，以保证报文交互和路由计算的安全性。

(8) 组播发送：在某些类型的链路上以组播地址发送协议报文，减少对其他设备的干扰。

2. OSPF 报文类型

OSPF 协议报文直接封装为 IP 报文，协议号为 89。

OSPF 有五种类型的协议报文：

(1) Hello 报文：周期性发送，用来发现和维持 OSPF 邻居关系，以及进行 DR(Designated Router，指定路由器)/BDR(Backup Designated Router，备份指定路由器)的选举。

(2) DD(Database Description，数据库描述)报文：描述了本地 LSDB(Link State DataBase，链路状态数据库)中每一条 LSA(Link State Advertisement，链路状态通告)的摘要信息，用于两台路由器进行数据库同步。

(3) LSR(Link State Request，链路状态请求)报文：向对方请求所需的 LSA。两台路由器互相交换 DD 报文之后，得知对端的路由器有哪些 LSA 是本地的 LSDB 所缺少的，这时需要发送 LSR 报文向对方请求所需的 LSA。

(4) LSU(Link State Update，链路状态更新)报文：向对方发送其所需要的 LSA。

(5) LSAck(Link State Acknowledgment，链路状态确认)报文：用来对收到的 LSA 进行确认。

3. LSA 类型

OSPF 中对链路状态信息的描述都是封装在 LSA 中发布出去，常用的 LSA 有以下几种类型：

(1) Router LSA(Type-1)：由每个路由器产生，描述路由器的链路状态和开销，在其始发的区域内传播。

(2) Network LSA(Type-2)：由 DR 产生，描述本网段所有路由器的链路状态，在其始发的区域内传播。

(3) Network Summary LSA(Type-3)：由 ABR(Area Border Router，区域边界路由器)产生，描述区域内某个网段的路由，并通告给其他区域。

(4) ASBR Summary LSA(Type-4)：由 ABR 产生，描述到 ASBR(Autonomous System Boundary Router，自治系统边界路由器)的路由，通告给相关区域。

(5) AS External LSA(Type-5)：由 ASBR 产生，描述到 AS(Autonomous System，自治系统)外部的路由，通告到所有的区域(除了 Stub 区域和 NSSA 区域)。

(6) NSSA External LSA(Type-7)：由 NSSA(Not-So-Stubby Area)区域内的 ASBR 产生，描述到 AS 外部的路由，仅在 NSSA 区域内传播。

(7) Opaque LSA：用于 OSPF 的扩展通用机制，目前有 Type-9、Type-10 和 Type-11 三种。其中，Type-9 LSA 仅在本地链路范围进行泛洪，用于支持 GR(Graceful Restart，平滑重启)的 Grace LSA 就是 Type-9 的一种类型；Type-10 LSA 仅在区域范围进行泛洪，用

于支持 MPLS TE 的 LSA 就是 Type-10 的一种类型；Type-11 LSA 可以在一个自治系统范围进行泛洪。

4. OSPF 区域

1）区域划分

随着网络规模日益扩大，当一个大型网络中的路由器都运行 OSPF 协议时，LSDB 会占用大量的存储空间，并使得运行 SPF(Shortest Path First，最短路径优先)算法的复杂度增加，导致 CPU 负担加重。

在网络规模增大之后，拓扑结构发生变化的概率也增大，网络会经常处于"振荡"之中，造成网络中会有大量的 OSPF 协议报文在传递，降低了网络的带宽利用率。更为严重的是，每一次变化都会导致网络中所有的路由器重新进行路由计算。

OSPF 协议通过将自治系统划分成不同的区域(Area)来解决上述问题。区域是从逻辑上将路由器划分为不同的组，每个组用区域号来标识，如图 3.4 所示。

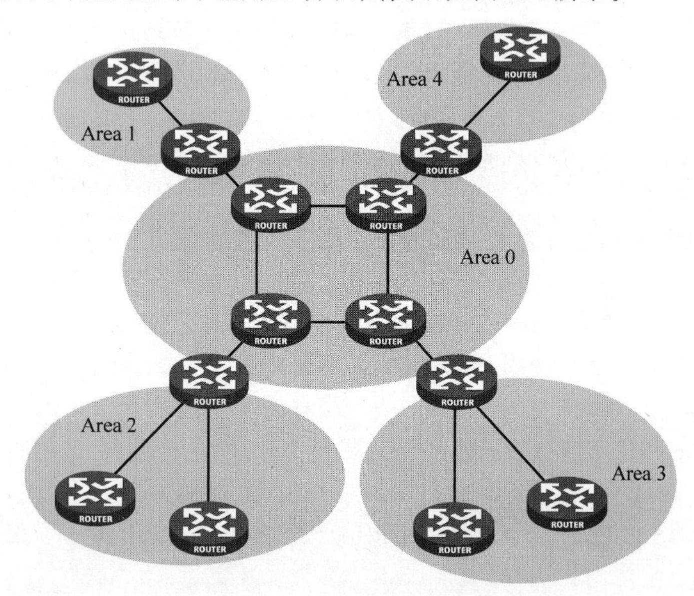

图 3.4 OSPF 区域划分

区域的边界是路由器，而不是链路。一个路由器可以属于不同的区域，但是一个网段(链路)只能属于一个区域，或者说每个运行 OSPF 的接口必须指明属于哪一个区域。划分区域后，可以在区域边界路由器上进行路由聚合，以减少通告到其他区域的 LSA 数量，还可以将网络拓扑变化带来的影响最小化。

2）骨干区域(Backbone Area)

OSPF 划分区域之后，并非所有的区域都是平等的关系。其中有一个区域是与众不同的，它的区域号是 0，通常被称为骨干区域。骨干区域负责区域之间的路由，非骨干区域之间的路由信息必须通过骨干区域来转发。对此，OSPF 有两个规定：所有非骨干区域必须与骨干区域保持连通；骨干区域自身也必须保持连通。

在实际应用中，可能会因为各方面条件的限制，无法满足上面的要求。这时可以通过配置 OSPF 虚连接予以解决。

3）虚连接（Virtual Link）

虚连接是指在两台 ABR（）之间通过一个非骨干区域建立的一条逻辑上的连接通道。它的两端必须是 ABR，而且必须在两端同时配置方可生效。为虚连接两端提供一条非骨干区域内部路由的区域称为传输区（Transit Area）。

在图 3.5 中，Area 2 与骨干区域之间没有直接相连的物理链路，但可以在 ABR 上配置虚连接，使 Area 2 通过一条逻辑链路与骨干区域保持连通。ABR（Area Border Router）为区域边界路由器。

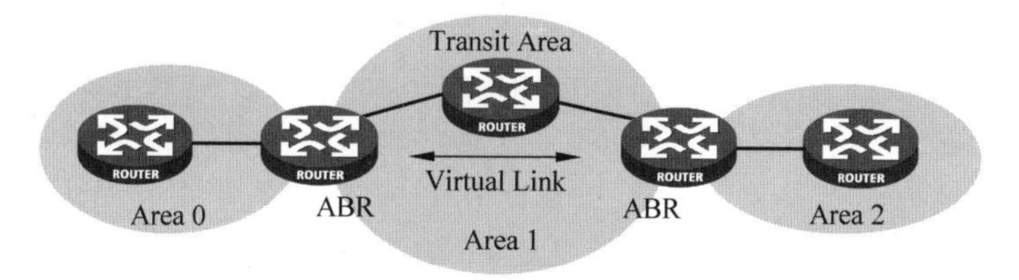

图 3.5　虚连接示意图（1）

虚连接的另外一个应用是提供冗余的备份链路，当骨干区域因链路故障不能保持连通时，通过虚连接仍然可以保证骨干区域在逻辑上的连通性，如图 3.6 所示。

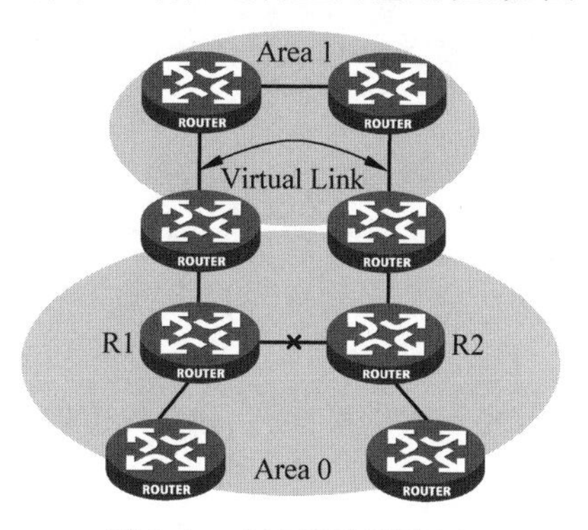

图 3.6　虚连接示意图（2）

虚连接相当于在两个 ABR 之间形成了一个点到点的连接，因此，在这个连接上，和物理接口一样可以配置接口的各参数，如发送 Hello 报文间隔等。

两台 ABR 之间直接传递 OSPF 报文信息，它们之间的 OSPF 路由器只是起到一个转发报文的作用。由于协议报文的目的地址不是中间这些路由器，所以这些报文对于它们而言是透明的，只是当作普通的 IP 报文来转发。

4）Stub 区域和 Totally Stub 区域

Stub 区域是一些特定的区域，该区域的 ABR 会将区域间的路由信息传递到本区域，但不会引入自治系统外部路由，区域中路由器的路由表规模以及 LSA 数量都会大大减少。为保证到自治系统外的路由依旧可达，该区域的 ABR 将生成一条缺省路由 Type-3 LSA，发布给本区域中的其他非 ABR 路由器。

为了进一步减少 Stub 区域中路由器的路由表规模以及 LSA 数量，可以将区域配置为 Totally Stub（完全 Stub）区域，该区域的 ABR 不会将区域间的路由信息和自治系统外部路由信息传递到本区域。为保证到本自治系统的其他区域和自治系统外的路由依旧可达，该区域的 ABR 将生成一条缺省路由 Type-3 LSA，发布给本区域中的其他非 ABR 路由器。

5）NSSA 区域和 Totally NSSA 区域

NSSA(Not-So-Stubby Area)区域是 Stub 区域的变形，与 Stub 区域的区别在于 NSSA 区域允许引入自治系统外部路由，由 ASBR 发布 Type-7 LSA 通告给本区域。当 Type-7 LSA 到达 NSSA 的 ABR 时，由 ABR 将 Type-7 LSA 转换成 Type-5 LSA，传播到其他区域。

可以将区域配置为 Totally NSSA(完全 NSSA)区域，该区域的 ABR 不会将区域间的路由信息传递到本区域。为保证到本自治系统的其他区域的路由依旧可达，该区域的 ABR 将生成一条缺省路由 Type-3 LSA，发布给本区域中的其他非 ABR 路由器。

如图 3.7 所示，运行 OSPF 协议的自治系统包括 3 个区域：区域 0、区域 1 和区域 2，另外两个自治系统运行 RIP 协议。区域 1 被定义为 NSSA 区域，区域 1 接收的 RIP 路由传播到 NSSA ASBR(Autonomous System Border Router，自治系统边界路由器)后，由 NSSA ASBR 产生 Type-7 LSA 在区域 1 内传播，当 Type-7 LSA 到达 NSSA ABR 后，转换成 Type-5 LSA 传播到区域 0 和区域 2。

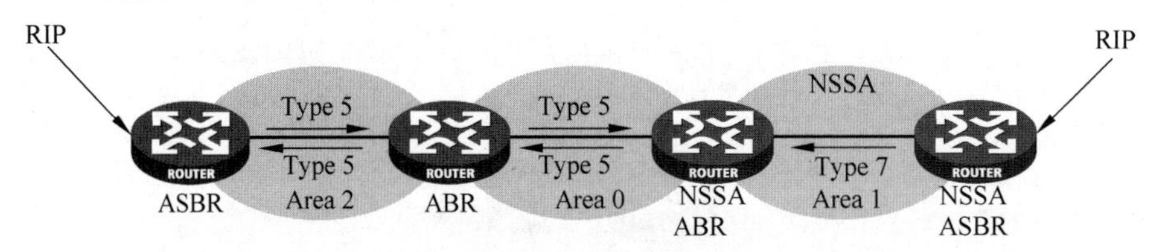

图 3.7　NSSA 区域

另一方面，运行 RIP 的自治系统的 RIP 路由通过区域 2 的 ASBR 产生 Type-5 LSA 在 OSPF 自治系统中传播。但由于区域 1 是 NSSA 区域，所以 Type-5 LSA 不会到达区域 1。

5. 路由器类型

OSPF 路由器根据在 AS 中的不同位置，可以分为以下四类：

1）区域内路由器(Internal Router)

该类路由器的所有接口都属于同一个 OSPF 区域。

2）区域边界路由器 ABR

该类路由器可以同时属于两个以上的区域，但其中一个必须是骨干区域。ABR 用来连接骨干区域和非骨干区域，它与骨干区域之间既可以是物理连接，也可以是逻辑上的连接。

3）骨干路由器(Backbone Router)

该类路由器至少有一个接口属于骨干区域。因此，所有的 ABR 和位于 Area 0 的内部路由器都是骨干路由器。

4）自治系统边界路由器 ASBR

与其他 AS 交换路由信息的路由器称为 ASBR。ASBR 并不一定位于 AS 的边界，它有可能是区域内路由器，也有可能是 ABR。只要一台 OSPF 路由器引入了外部路由的信息，它就成为 ASBR，OSPF 路由器的类型如图 3.8 所示。

6. 路由类型

OSPF 将路由分为四类，按照优先级从高到低的顺序依次如下：

(1) 区域内路由(Intra Area)。

(2) 区域间路由(Inter Area)。

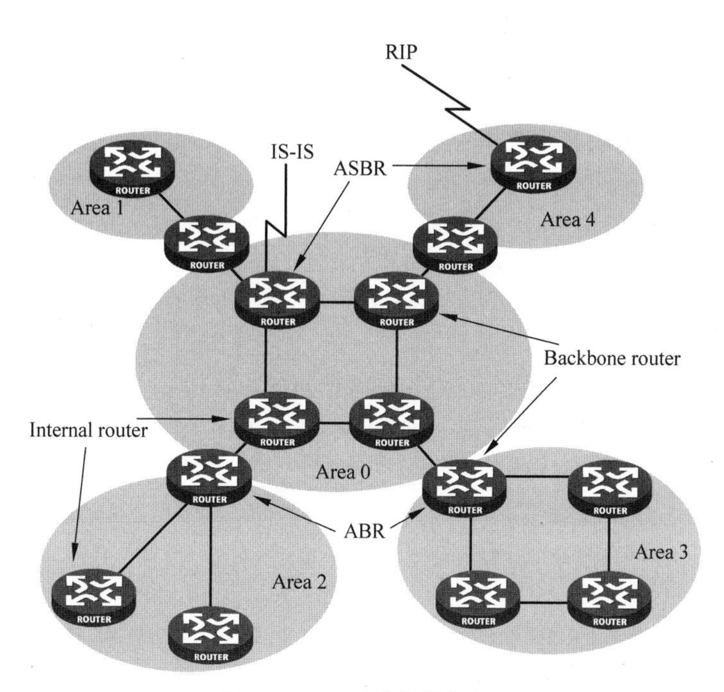

图 3.8　OSPF 路由器的类型

(3) 第一类外部路由(Type1 External)：这类路由的可信程度较高，并且和 OSPF 自身路由的开销具有可比性，所以到第一类外部路由的开销等于本路由器到相应的 ASBR 的开销与 ASBR 到该路由目的地址的开销之和。

(4) 第二类外部路由(Type2 External)：这类路由的可信度比较低，所以 OSPF 协议认为从 ASBR 到自治系统之外的开销远远大于在自治系统之内到达 ASBR 的开销。所以计算路由开销时将主要考虑前者，即到第二类外部路由的开销等于 ASBR 到该路由目的地址的开销。如果计算出开销值相等的两条路由，再考虑本路由器到相应的 ASBR 的开销。

区域内和区域间路由描述的是 AS 内部的网络结构，外部路由则描述了应该如何选择到 AS 以外目的地址的路由。

7. 路由器 ID

路由器 ID，即 Router ID，用来在一个自治系统中唯一地标识一台路由器，一台路由器如果要运行 OSPF 协议，则必须存在 Router ID。Router ID 的获取方式有以下三种：

1) 手工指定 Router ID

用户可以在创建 OSPF 进程的时候指定 Router ID，配置时，必须保证自治系统中任意两台路由器的 ID 都不相同。通常的做法是将路由器的 ID 配置为与该路由器某个接口的 IP 地址一致。

2) 自动获取 Router ID

如果在创建 OSPF 进程的时候选择自动分配 Router ID，则 OSPF 进程将根据如下规则自动获取 Router ID。

(1) OSPF 进程启动时，将选取第一个运行该进程的接口的主 IPv4 地址作为 Router ID。

(2) 设备重启时，OSPF 进程将会选取第一个运行本进程的接口主 IPv4 地址作为 Router ID。

(3) OSPF进程重启时，将从运行了本进程的所有接口的主IPv4地址中重新获取Router ID，具体规则如下。如果存在配置IP地址的Loopback接口，则选择Loopback接口地址中最大的作为Router ID；否则，从其他接口的IP地址中选择最大的作为Router ID（不考虑接口的up/down状态）。

3) 使用全局Router ID

如果在创建OSPF进程的时候没有指定Router ID，则默认使用全局Router ID。建议用户在创建OSPF进程的时候手工指定Router ID，或者选择自动获取Router ID。

8. OSPF路由的计算过程

同一个区域内，OSPF路由的计算过程可简单描述如下：

(1) 每台OSPF路由器根据自己周围的网络拓扑结构生成LSA，并通过更新报文将LSA发送给网络中的其他OSPF路由器。

(2) 每台OSPF路由器都会收集其他路由器通告的LSA，所有的LSA放在一起便组成了LSDB。LSA是对路由器周围网络拓扑结构的描述，LSDB则是对整个自治系统的网络拓扑结构的描述。

(3) OSPF路由器将LSDB转换成一张带权的有向图，这张图便是对整个网络拓扑结构的真实反映。各个路由器得到的有向图是完全相同的。

(4) 每台路由器根据有向图，使用SPF算法计算出一棵以自己为根的最短路径树，这棵树给出了到自治系统中各节点的路由。

9. OSPF的网络类型

OSPF根据链路层协议类型将网络分为下列四种类型。

(1) 广播(Broadcast)类型：当链路层协议是Ethernet、FDDI时，缺省情况下，OSPF认为网络类型是Broadcast。在该类型的网络中，通常以组播形式(OSPF路由器的预留IP组播地址是224.0.0.5；OSPF DR/BDR的预留IP组播地址是224.0.0.6)发送Hello报文、LSU报文和LSAck报文；以单播形式发送DD报文和LSR报文。

(2) NBMA(Non-Broadcast Multi-Access，非广播多路访问)类型：当链路层协议是ATM或X.25时，缺省情况下，OSPF认为网络类型是NBMA。在该类型的网络中，以单播形式发送协议报文。

(3) P2MP(Point-to-MultiPoint，点到多点)类型：没有一种链路层协议会被缺省的认为是P2MP类型。P2MP必须是由其他的网络类型强制更改的，常用做法是将NBMA网络改为P2MP网络。在该类型的网络中，缺省情况下，以组播形式(224.0.0.5)发送协议报文。可以根据用户需要，以单播形式发送协议报文。

(4) P2P(Point-to-Point，点到点)类型：当链路层协议是PPP、HDLC时，缺省情况下，OSPF认为网络类型是P2P。在该类型的网络中，以组播形式(224.0.0.5)发送协议报文。

NBMA与P2MP网络之间的区别如下：

(1) NBMA网络是全连通的；P2MP网络并不需要一定是全连通的。

(2) NBMA网络中需要选举DR与BDR；P2MP网络中没有DR与BDR。

(3) NBMA网络采用单播发送报文，需要手工配置邻居；P2MP网络采用组播方式发送报文，通过配置也可以采用单播发送报文。

10. DR/BDR

1) DR/BDR 简介

在广播网和 NBMA 网络中，任意两台路由器之间都要交换路由信息。如果网络中有 n 台路由器，则需要建立 $n(n-1)/2$ 个邻接关系。这使得任何一台路由器的路由变化都会导致多次传递，浪费了带宽资源。为解决这一问题，OSPF 提出了 DR(Designated Router，指定路由器)的概念，所有路由器只将信息发送给 DR，由 DR 将网络链路状态发送出去。

另外，OSPF 提出了 BDR(Backup Designated Router，备份指定路由器)的概念。BDR 是对 DR 的一个备份，在选举 DR 的同时也选举 BDR，BDR 也和本网段内的所有路由器建立邻接关系并交换路由信息。当 DR 失效后，BDR 会立即成为新的 DR。

OSPF 网络中，既不是 DR 也不是 BDR 的路由器为 DR Other。DR Other 仅与 DR 和 BDR 建立邻接关系，DR Other 之间不交换任何路由信息。这样就减少了广播网和 NBMA 网络上各路由器之间邻接关系的数量，同时减少网络流量，节约了带宽资源。

如图 3.9 所示，进行 DR/BDR 选举后，5 台路由器之间只需要建立 7 个邻接关系就可以了。

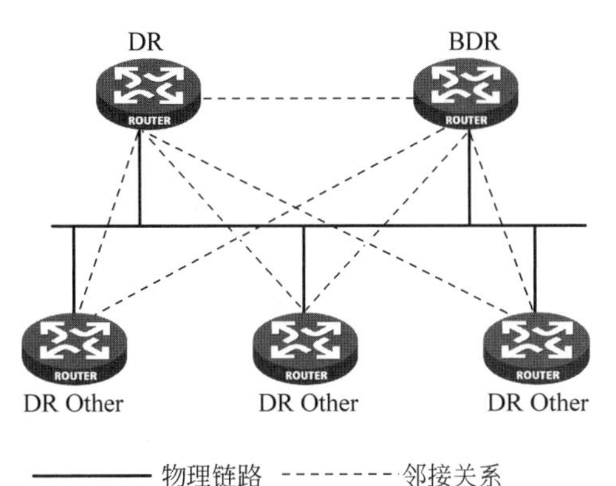

图 3.9　DR 和 BDR 示意图

在 OSPF 中，邻居(Neighbor)和邻接(Adjacency)是两个不同的概念。路由器启动后，会通过接口向外发送 Hello 报文，收到 Hello 报文的路由器会检查报文中所定义的参数，如果双方一致就会形成邻居关系。只有当双方成功交换 DD 报文，交换 LSA 并达到 LSDB 同步之后，才形成邻接关系。

2) DR/BDR 选举过程

DR/BDR 是由同一网段中所有的路由器根据路由器优先级和 Router ID 通过 Hello 报文选举出来的，只有优先级大于 0 的路由器才具有选举资格。

进行 DR/BDR 选举时每台路由器将自己选出的 DR 写入 Hello 报文中，发给网段上每台运行 OSPF 协议的路由器。当处于同一网段的两台路由器同时宣布自己是 DR 时，路由器优先级高者胜出。如果优先级相等，则 Router ID 大者胜出。

需要注意的是：

(1) 只有在广播或 NBMA 网络中才会选举 DR；在 P2P 或 P2MP 网络中不需要选举 DR。

(2) DR 是某个网段中的概念，是针对路由器的接口而言的。某台路由器在一个接口上可能是 DR,在另一个接口上有可能是 BDR,或者是 DR Other。

(3) DR/BDR 选举完毕后,即使网络中加入一台具有更高优先级的路由器,也不会重新进行选举,替换该网段中已经存在的 DR/BDR 成为新的 DR/BDR。DR 并不一定就是路由器优先级最高的路由器接口;同理,BDR 也并不一定就是路由器优先级次高的路由器接口。

11. 协议规范

与 OSPF 相关的协议规范如下:

(1) RFC 1245:OSPF protocol analysis。

(2) RFC 1246:Experience with the OSPF protocol。

(3) RFC 1370:Applicability Statement for OSPF。

(4) RFC 1403:BGP OSPF Interaction。

(5) RFC 1745:BGP4/IDRP for IP-OSPF Interaction。

(6) RFC 1765:OSPF Database Overflow。

(7) RFC 1793:Extending OSPF to Support Demand Circuits。

(8) RFC 2154:OSPF with Digital Signatures。

(9) RFC 2328:OSPF Version 2。

(10) RFC 3101:OSPF Not-So-Stubby Area (NSSA) Option。

(11) RFC 3166:Request to Move RFC 1403 to Historic Status。

(12) RFC 3509:Alternative Implementations of OSPF Area Border Routers。

(13) RFC 4167:Graceful OSPF Restart Implementation Report。

(14) RFC 4577:OSPF as the Provider/Customer Edge Protocol for BGP/MPLS IP Virtual Private Networks (VPNs)。

(15) RFC 4750:OSPF Version 2 Management Information Base。

(16) RFC 4811:OSPF Out-of-Band LSDB Resynchronization。

(17) RFC 4812:OSPF Restart Signaling。

(18) RFC 5088:OSPF Protocol Extensions for Path Computation Element (PCE) Discovery。

(19) RFC 5250:The OSPF Opaque LSA Option。

(20) RFC 5613:OSPF Link-Local Signaling。

(21) RFC 5642:Dynamic Hostname Exchange Mechanism for OSPF。

(22) RFC 5709:OSPFv2 HMAC-SHA Cryptographic Authentication。

(23) RFC 5786:Advertising a Router's Local Addresses in OSPF Traffic Engineering (TE) Extensions。

(24) RFC 6571:Loop-Free Alternate (LFA) Applicability in Service Provider (SP) Networks。

(25) RFC 6860:Hiding Transit-Only Networks in OSPF。

(26) RFC 6987:OSPF Stub Router Advertisement。

3.3　步骤说明

在进行 VLAN 扩展配置与三层交换配置时，其详细步骤如下(以 HCL 模拟器中操作为例)：

(1) 在模拟器中搭建拓扑。

(2) 设备 IP 地址规划。

(3) 登录路由器。

(4) 进入系统视图模式。

(5) 配置路由器的端口 IP 地址。

(6) 配置静态路由。

(7) 配置默认路由。

(8) RIP 协议配置。

(9) OSPF 协议配置。

(10) 测试验证配置。

(11) 保存并整理配置文档。

上述 11 个步骤的详细配置方法和过程以及测试验证，参见 3.5 节～3.8 节的内容。

3.4　应用效果

通过动态路由协议的使用，可以使网络设备自动适应网络状态的变化，自动维护路由信息而不需要网络管理员的参与，从而极大地保证了网络运行的稳定性、可靠性。

RIP 协议主要用于规模较小的网络中，例如校园网以及结构较简单的地区性网络。由于 RIP 的实现较为简单，在配置和维护管理方面也远比 OSPF 和 IS-IS 容易，因此在实际组网中仍有广泛的应用。

对于更为复杂的环境和大型网络，一般使用 OSPF 协议，因其具有适应范围广、快速收敛、无自环、区域划分、等价路由、路由分级和支持验证、组播发送的功能。

3.5　拓扑构建及地址规划

1. 在模拟器中搭建拓扑

在模拟器中搭建拓扑如图 3.10 所示。

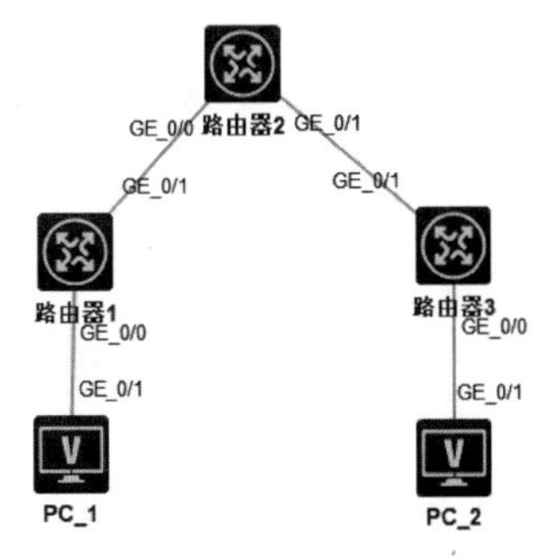

图 3.10　拓扑图

2. 各设备 IP 地址规划

IP 地址分配表如表 3.1 所示。

表 3.1 IP 地址分配表

设备名称	拓扑图接口(设备中实际接口)	IP 地址/掩码	网关
PC_1	GE_0/1(G0/0/1)	192.168.1.2/24	192.168.1.1
PC_2	GE_0/1(G0/0/1)	192.168.2.2/24	192.168.2.1
路由器	GE_0/0	192.168.1.1/24	—
	GE_0/1	20.0.0.1/30	—
路由器 2	GE_0/0	20.0.0.2/30	—
	GE_0/1	30.0.0.2/30	—
路由器 3	GE_0/0	192.168.2.1/24	—
	GE_0/1	30.0.0.1/30	—

3.6 功能配置

1. 作路由器的端口 IP 地址配置

在系统模式下,用 interface 命令进入相应的端口,然后在端口模式下用 ip address 命令给接口配置对应的 IP 地址。

路由器 1 配置命令如下:

```
[R1]interface GigabitEthernet 0/0
[R1 - GigabitEthernet0/0]ip address 192.168.1.1 24
[R1 - GigabitEthernet0/0]quit
[R1]interface GigabitEthernet 0/1
[R1 - GigabitEthernet0/1]ip address 20.0.0.1 30
```

路由器 2 配置命令如下:

```
[R2]interface GigabitEthernet 0/0
[R2 - GigabitEthernet0/0]ip address 20.0.0.2 30
[R2 - GigabitEthernet0/0]quit
[R2]interface GigabitEthernet 0/1
[R2 - GigabitEthernet0/1]ip address 30.0.0.2 30
```

路由器 3 配置命令如下:

```
[R3]interface GigabitEthernet 0/0
[R3 - GigabitEthernet0/0]ip address 192.168.2.1 24
[R3 - GigabitEthernet0/0]quit
[R3]interface GigabitEthernet 0/1
[R3 - GigabitEthernet0/1]ip address 30.0.0.1 30
```

2. 配置静态路由

在系统模式下用 ip route-static 命令配置静态路由。

路由器 1 配置命令如下:

```
[R1]ip route-static 30.0.0.0 255.255.255.0 20.0.0.2
[R1]ip route-static 192.168.2.0 255.255.255.0 20.0.0.2
```

路由器 2 配置命令如下：

```
[R2]ip route-static 192.168.1.0 255.255.255.0 20.0.0.1
[R2]ip route-static 192.168.2.0 255.255.255.0 30.0.0.1
```

路由器 3 配置命令如下：

```
[R3]ip route-static 192.168.1.0 255.255.255.0 30.0.0.2
[R3]ip route-static 20.0.0.0 255.255.255.0 30.0.0.2
```

静态路由配置完成后，PC_1 与 PC_2 之间能够相互通信。

3. 配置默认路由

路由器 1 配置命令如下：

```
[R1]ip route-static 0.0.0.0 0.0.0.0 20.0.0.2
```

路由器 2 配置命令如下：

```
[R2]ip route-static 192.168.1.0 255.255.255.0 20.0.0.1
[R2]ip route-static 0.0.0.0 0.0.0.0 30.0.0.1
```

路由器 3 配置命令如下：

```
[R3]ip route-static 0.0.0.0 0.0.0.0 30.0.0.2
```

4. RIPv2 协议配置

在系统视图下用 rip 命令启动 rip 进程并进入 rip 视图，version 命令指定 rip 协议版本号为 2，接着用 undo summary 命令关闭自动汇总功能，主要是为了解决不连续子网互相访问的问题。最后用 network 命令在相应接口上使能 rip。

路由器 1 配置命令如下：

```
[R1]rip 1
[R1-rip-1]version 2
[R3-rip-1]undo summary
[R1-rip-1]network 20.0.0.0
[R1-rip-1]network 192.168.1.0
```

路由器 2 配置命令如下：

```
[R2]rip 1
[R2-rip-1]version 2
[R3-rip-1]undo summary
[R2-rip-1]network 20.0.0.0
[R2-rip-1]network 30.0.0.0
```

路由器3配置命令如下：

```
[R3]rip 1
[R3 - rip - 1]version 2
[R3 - rip - 1]undo summary
[R3 - rip - 1]network 30.0.0.0
[R3 - rip - 1]network 192.168.2.0
```

5. OSPF 协议配置

（1）设置虚接口 LoopBack 0 的 IP 地址，并指定虚接口的 IP 地址为 Router ID。如果不配置 Router ID，路由器会自动选择某一接口地址作为 Router ID。为 OSPF 方便区域规划，一般都将虚接口地址配置为 Router ID。

（2）使用 OSPF 命令启动 OSPF 进程并进入此进程配置视图。

（3）在 OSPF 视图下用 area 命令配置一个区域并进入此区域视图。

（4）配置区域后，需要将路由器的接口加入该区域。一个接口只能加入一个区域，一个区域可加入多个接口。

路由器1配置命令如下：

```
[R1]interface LoopBack 0
[R1 - LoopBack0]ip address 1.1.1.1 255.255.255.255
[R1 - LoopBack0]quit
[R1]router id 1.1.1.1
[R1]ospf 1
[R1 - ospf - 1]area 0
[R1 - ospf - 1 - area - 0.0.0.0]network 1.1.1.1 0.0.0.0
[R1 - ospf - 1 - area - 0.0.0.0]network 20.0.0.0 0.0.0.3
[R1 - ospf - 1 - area - 0.0.0.0]network  192.168.1.0 0.0.0.255
```

路由器2配置命令如下：

```
[R2]interface LoopBack 0
[R2 - LoopBack0]ip address 2.2.2.2 255.255.255.255
[R2 - LoopBack0]quit
[R2]router id 2.2.2.2
[R2]ospf 1
[R2 - ospf - 1]area 0
[R2 - ospf - 1 - area - 0.0.0.0]network 2.2.2.2 0.0.0.0
[R2 - ospf - 1 - area - 0.0.0.0]network 20.0.0.0 0.0.0.3
[R2 - ospf - 1 - area - 0.0.0.0]network 30.0.0.0 0.0.0.3
```

路由器3配置命令如下：

```
[R3]interface LoopBack 0
[R3 - LoopBack0]ip address 3.3.3.3 255.255.255.255
[R3 - LoopBack0]quit
[R3]router id 3.3.3.3
[R3]ospf 1
[R3 - ospf - 1]area 0
```

```
[R3-ospf-1-area-0.0.0.0]network 3.3.3.3 0.0.0.0
[R3-ospf-1-area-0.0.0.0]network 30.0.0.0 0.0.0.3
[R3-ospf-1-area-0.0.0.0]network  192.168.2.0 0.0.0.255
```

6. 验证配置

1）列出学习到的路由表条目

在任意模式下用 display ip routing-table 命令查看路由器的路由表，得知路由器 1 已经学习到相应的路由。结果如下：

```
<R1>display ip routing-table
Destinations : 23        Routes : 23
Destination/Mask     Proto    Pre Cost      NextHop        Interface
0.0.0.0/0            Static   60   0         20.0.0.2       GE0/1
0.0.0.0/32           Direct   0    0         127.0.0.1      InLoop0
1.1.1.1/32           Direct   0    0         127.0.0.1      InLoop0
2.2.2.2/32           O_INTRA 10    1         20.0.0.2       GE0/1
3.3.3.3/32           O_INTRA 10    2         20.0.0.2       GE0/1
20.0.0.0/30          Direct   0    0         20.0.0.1       GE0/1
20.0.0.0/32          Direct   0    0         20.0.0.1       GE0/1
20.0.0.1/32          Direct   0    0         127.0.0.1      InLoop0
20.0.0.3/32          Direct   0    0         20.0.0.1       GE0/1
30.0.0.0/24          Static   60   0         20.0.0.2       GE0/1
30.0.0.0/30          O_INTRA 10    2         20.0.0.2       GE0/1
127.0.0.0/8          Direct   0    0         127.0.0.1      InLoop0
127.0.0.0/32         Direct   0    0         127.0.0.1      InLoop0
127.0.0.1/32         Direct   0    0         127.0.0.1      InLoop0
127.255.255.255/32   Direct   0    0         127.0.0.1      InLoop0
192.168.1.0/24       Direct   0    0         192.168.1.1    GE0/0
192.168.1.0/32       Direct   0    0         192.168.1.1    GE0/0
192.168.1.1/32       Direct   0    0         127.0.0.1      InLoop0
192.168.1.255/32     Direct   0    0         192.168.1.1    GE0/0
192.168.2.0/24       Static   60   0         20.0.0.2       GE0/1
224.0.0.0/4          Direct   0    0         0.0.0.0        NULL0
224.0.0.0/24         Direct   0    0         0.0.0.0        NULL0
255.255.255.255/32   Direct   0    0         127.0.0.1      InLoop0
```

在任意模式下，用 display ospf lsdb 命令查看路由器的链路状态数据库，本例中三个路由器的链路状态数据库应该都是一样的。结果如下：

```
<R2>display ospf lsdb
            OSPF Process 1 with Router ID 2.2.2.2
                   Link State Database
                          Area: 0.0.0.0
 Type      LinkState ID   AdvRouter        Age  Len   Sequence  Metric
 Router    3.3.3.3        3.3.3.3          281  48    80000006   0
 Router    1.1.1.1        1.1.1.1          611  48    80000008   0
 Router    2.2.2.2        2.2.2.2          489  60    80000009   0
 Network   30.0.0.2       2.2.2.2          481  32    80000003   0
 Network   20.0.0.1       1.1.1.1          603  32    80000003   0
```

2）协议相关的 DEBUG 信息

在 DEBUG 信息调试前，我们在用户模式下用 reset ospf process 命令将 ospf 的进程重置，接着把终端调试开关和终端监视器开关分别用命令 terminal debugging、terminal monitor 打开，最后再对 ospf 的 hello 数据报文进行调试信息观察。结果如下：

```
<R2>reset ospf process
Reset OSPF process? [Y/N]: y
<R2>% Nov 15 20:44:39:492 2018 R2 OSPF/5/OSPF_NBR_CHG: OSPF 1 Neighbor 20.0.0.1
(GigabitEthernet0/0) changed from FULL to DOWN.
% Nov 15 20:44:39:492 2018 R2 OSPF/5/OSPF_NBR_CHG: OSPF 1 Neighbor 30.0.0.1
(GigabitEthernet0/1) changed from 2-WAY to DOWN.
% Nov 15 20:44:40:084 2018 R2 OSPF/5/OSPF_NBR_CHG: OSPF 1 Neighbor 20.0.0.1
(GigabitEthernet0/0) changed from LOADING to FULL.
% Nov 15 20:44:43:392 2018 R2 OSPF/5/OSPF_NBR_CHG: OSPF 1 Neighbor 30.0.0.1
(GigabitEthernet0/1) changed from LOADING to FULL.
<R2>
<R2>terminal debugging
The current terminal is enabled to display debugging logs.
<R2>terminal monitor
The current terminal is enabled to display logs.
<R2>debugging ospf packet hello

<R2>* Nov 15 21:01:34:431 2018 R2 OSPF/7/DEBUG: OSPF 1: Receiving packets.
* Nov 15 21:01:34:431 2018 R2 OSPF/7/DEBUG: Source address: 30.0.0.1
* Nov 15 21:01:34:431 2018 R2 OSPF/7/DEBUG: Destination address: 224.0.0.5
* Nov 15 21:01:34:431 2018 R2 OSPF/7/DEBUG: Version 2, Type: 1, Length: 48.
* Nov 15 21:01:34:431 2018 R2 OSPF/7/DEBUG: Router: 3.3.3.3, Area: 0.0.0.0,
Checksum: 46481.
* Nov 15 21:01:34:431 2018 R2 OSPF/7/DEBUG: Authentication type: 00, Key(ASCII): 0 0 0 0 0 0 0 0.
* Nov 15 21:01:34:431 2018 R2 OSPF/7/DEBUG: Network mask: 255.255.255.252, Hello interval:
10, Option: _E_.
* Nov 15 21:01:34:431 2018 R2 OSPF/7/DEBUG: Router priority: 1, Dead Interval: 40, DR: 30.0.
0.1, BDR: 30.0.0.2.
* Nov 15 21:01:34:431 2018 R2 OSPF/7/DEBUG: Neighbor ID: 2.2.2.2.
// OSPF 进程 1 收到对方的 Hello 报文。选举 30.0.0.1 为 DR,30.0.0.2 为 BDR,发现邻居 2.2.2.2
* Nov 15 21:01:37:096 2018 R2 OSPF/7/DEBUG: OSPF 1: Receiving packets.
* Nov 15 21:01:37:096 2018 R2 OSPF/7/DEBUG: Source address: 20.0.0.1
* Nov 15 21:01:37:096 2018 R2 OSPF/7/DEBUG: Destination address: 224.0.0.5
* Nov 15 21:01:37:096 2018 R2 OSPF/7/DEBUG: Version 2, Type: 1, Length: 48.
* Nov 15 21:01:37:096 2018 R2 OSPF/7/DEBUG: Router: 1.1.1.1, Area: 0.0.0.0,
Checksum: 52629.
* Nov 15 21:01:37:096 2018 R2 OSPF/7/DEBUG: Authentication type: 00, Key(ASCII): 0 0 0 0 0 0 0 0.
* Nov 15 21:01:37:096 2018 R2 OSPF/7/DEBUG: Network mask: 255.255.255.252, Hello interval:
10, Option: _E_.
* Nov 15 21:01:37:096 2018 R2 OSPF/7/DEBUG: Router priority: 1, Dead Interval: 40, DR: 20.0.
0.1, BDR: 20.0.0.2.
* Nov 15 21:01:37:096 2018 R2 OSPF/7/DEBUG: Neighbor ID: 2.2.2.2.
```

```
// OSPF 进程 1 收到对方的 Hello 报文。选举 20.0.0.1 为 DR,20.0.0.2 为 BDR,发现邻居 2.2.2.2

* Nov 15 21: 01: 38: 746 2018 R2 OSPF/7/DEBUG: OSPF 1: Sending packets.
* Nov 15 21: 01: 38: 746 2018 R2 OSPF/7/DEBUG: Source address: 20.0.0.2
* Nov 15 21: 01: 38: 746 2018 R2 OSPF/7/DEBUG: Destination address: 224.0.0.5
* Nov 15 21: 01: 38: 746 2018 R2 OSPF/7/DEBUG: Version 2, Type: 1, Length: 48.
* Nov 15 21: 01: 38: 746 2018 R2 OSPF/7/DEBUG: Router: 2. 2. 2. 2, Area: 0. 0. 0. 0,
Checksum: 52629.
* Nov 15 21: 01: 38: 746 2018 R2 OSPF/7/DEBUG: Authentication type: 00, Key(ASCII): 0 0 0 0 0
0 0 0.
* Nov 15 21: 01: 38: 746 2018 R2 OSPF/7/DEBUG: Network mask: 255. 255. 255. 252, Hello
interval: 10, Option: _E_.
* Nov 15 21: 01: 38: 746 2018 R2 OSPF/7/DEBUG: Router priority: 1, Dead Interval: 40, DR: 20.
0.0.1, BDR: 20.0.0.2.
* Nov 15 21: 01: 38: 746 2018 R2 OSPF/7/DEBUG: Neighbor ID: 1.1.1.1.
// OSPF 进程 1 发送 Hello 报文。已经发现邻居 1.1.1.1

* Nov 15 21: 01: 39: 746 2018 R2 OSPF/7/DEBUG: OSPF 1: Sending packets.
* Nov 15 21: 01: 39: 746 2018 R2 OSPF/7/DEBUG: Source address: 30.0.0.2
* Nov 15 21: 01: 39: 746 2018 R2 OSPF/7/DEBUG: Destination address: 224.0.0.5
* Nov 15 21: 01: 39: 746 2018 R2 OSPF/7/DEBUG: Version 2, Type: 1, Length: 48.
* Nov 15 21: 01: 39: 746 2018 R2 OSPF/7/DEBUG: Router: 2. 2. 2. 2, Area: 0. 0. 0. 0,
Checksum: 46481.
* Nov 15 21: 01: 39: 746 2018 R2 OSPF/7/DEBUG: Authentication type: 00, Key(ASCII): 0 0 0 0 0
0 0 0.
* Nov 15 21: 01: 39: 746 2018 R2 OSPF/7/DEBUG: Network mask: 255. 255. 255. 252, Hello
interval: 10, Option: _E_.
* Nov 15 21: 01: 39: 746 2018 R2 OSPF/7/DEBUG: Router priority: 1, Dead Interval: 40, DR: 30.
0.0.1, BDR: 30.0.0.2.
* Nov 15 21: 01: 39: 746 2018 R2 OSPF/7/DEBUG: Neighbor ID: 3.3.3.3.
// OSPF 进程 1 发送 Hello 报文。已经发现邻居 3.3.3.3
```

3.7　思考题

（1）当拓扑结构由链状变为环状后，各路由器设备上的路由表会发生变化吗？会怎样变化？

（2）为何配置完毕后，路由表中没有 rip 路由信息显示？如何查看 rip 配置后的信息？

3.8　设备配置文档

关键配置语句已在下列设备导出配置文档中进行了标识。

（1）路由器 1 配置文档如下：

```
#
 version 7.1.075, Alpha 7571
#
 sysname R1
```

```
 #
 router id 1.1.1.1
 #
ospf 1
 area 0.0.0.0
  network 1.1.1.1 0.0.0.0
  network 20.0.0.0 0.0.0.3
 #
rip 1
 undo summary
 version 2
 network 20.0.0.0
 network 192.168.1.0
 #
 system - working - mode standard
 xbar load - single
 password - recovery enable
 lpu - type f - series
 #
vlan 1
 #
interface Serial1/0
 #
interface Serial2/0
 #
interface Serial3/0
 #
interface Serial4/0
 #
interface NULL0
 #
interface LoopBack0
 ip address 1.1.1.1 255.255.255.255
 #
interface GigabitEthernet0/0
 port link - mode route
 combo enable copper
 ip address 192.168.1.1 255.255.255.0
 #
interface GigabitEthernet0/1
 port link - mode route
 combo enable copper
 ip address 20.0.0.1 255.255.255.252
 #
interface GigabitEthernet0/2
 port link - mode route
 combo enable copper
 #
interface GigabitEthernet5/0
 port link - mode route
 combo enable copper
 #
interface GigabitEthernet5/1
```

```
 port link - mode route
 combo enable copper
#
interface GigabitEthernet6/0
 port link - mode route
 combo enable copper
#
interface GigabitEthernet6/1
 port link - mode route
 combo enable copper
#
 scheduler logfile size 16
#
line class aux
 user - role network - operator
#
line class console
 user - role network - admin
#
line class tty
 user - role network - operator
#
line class vty
 user - role network - operator
#
line aux 0
 user - role network - operator
#
line con 0
 user - role network - admin
#
line vty 0 63
 user - role network - operator
#
 ip route - static 0.0.0.0 0 20.0.0.2
 ip route - static 30.0.0.0 24 20.0.0.2
 ip route - static 192.168.2.0 24 20.0.0.2
#
domain name system
#
 domain default enable system
#
role name level - 0
 description Predefined level - 0 role
#
role name level - 1
 description Predefined level - 1 role
#
role name level - 2
 description Predefined level - 2 role
#
role name level - 3
 description Predefined level - 3 role
```

```
#
role name level-4
 description Predefined level-4 role
#
role name level-5
 description Predefined level-5 role
#
role name level-6
 description Predefined level-6 role
#
role name level-7
 description Predefined level-7 role
#
role name level-8
 description Predefined level-8 role
#
role name level-9
 description Predefined level-9 role
#
role name level-10
 description Predefined level-10 role
#
role name level-11
 description Predefined level-11 role
#
role name level-12
 description Predefined level-12 role
#
role name level-13
 description Predefined level-13 role
#
role name level-14
 description Predefined level-14 role
#
user-group system
#
return
```

(2) 路由器 2 配置文档如下：

```
#
 version 7.1.075, Alpha 7571
#
 sysname R2
#
 router id 2.2.2.2
#
ospf 1
 area 0.0.0.0
  network 2.2.2.2 0.0.0.0
  network 20.0.0.0 0.0.0.3
  network 30.0.0.0 0.0.0.3
```

```
#
rip 1
 undo summary
 version 2
 network 20.0.0.0
 network 30.0.0.0
#
 system-working-mode standard
 xbar load-single
 password-recovery enable
 lpu-type f-series
#
vlan 1
#
interface Serial1/0
#
interface Serial2/0
#
interface Serial3/0
#
interface Serial4/0
#
interface NULL0
#
interface LoopBack0
 ip address 2.2.2.2 255.255.255.255
#
interface GigabitEthernet0/0
 port link-mode route
 combo enable copper
 ip address 20.0.0.2 255.255.255.252
#
interface GigabitEthernet0/1
 port link-mode route
 combo enable copper
 ip address 30.0.0.2 255.255.255.252
#
interface GigabitEthernet0/2
 port link-mode route
 combo enable copper
#
interface GigabitEthernet5/0
 port link-mode route
 combo enable copper
#
interface GigabitEthernet5/1
 port link-mode route
 combo enable copper
#
interface GigabitEthernet6/0
 port link-mode route
 combo enable copper
```

```
#
interface GigabitEthernet6/1
 port link-mode route
 combo enable copper
#
 scheduler logfile size 16
#
line class aux
 user-role network-operator
#
line class console
 user-role network-admin
#
line class tty
 user-role network-operator
#
line class vty
 user-role network-operator
#
line aux 0
 user-role network-operator
#
line con 0
 user-role network-admin
#
line vty 0 63
 user-role network-operator
#
 ip route-static 192.168.1.0 24 20.0.0.1
 ip route-static 192.168.2.0 24 30.0.0.1
#
domain name system
#
 domain default enable system
#
role name level-0
 description Predefined level-0 role
#
role name level-1
 description Predefined level-1 role
#
role name level-2
 description Predefined level-2 role
#
role name level-3
 description Predefined level-3 role
#
role name level-4
 description Predefined level-4 role
#
role name level-5
 description Predefined level-5 role
```

```
#
role name level - 6
 description Predefined level - 6 role
#
role name level - 7
 description Predefined level - 7 role
#
role name level - 8
 description Predefined level - 8 role
#
role name level - 9
 description Predefined level - 9 role
#
role name level - 10
 description Predefined level - 10 role
#
role name level - 11
 description Predefined level - 11 role
#
role name level - 12
 description Predefined level - 12 role
#
role name level - 13
 description Predefined level - 13 role
#
role name level - 14
 description Predefined level - 14 role
#
user - group system
#
return
```

（3）路由器 3 配置文档如下：

```
#
 version 7.1.075, Alpha 7571
#
 sysname R3
#
 router id 3.3.3.3
#
ospf 1
 area 0.0.0.0
  network 3.3.3.3 0.0.0.0
  network 30.0.0.0 0.0.0.3
#
rip 1
 undo summary
 version 2
 network 30.0.0.0
 network 192.168.2.0
```

```
#
 system - working - mode standard
 xbar load - single
 password - recovery enable
 lpu - type f - series
#
vlan 1
#
interface Serial1/0
#
interface Serial2/0
#
interface Serial3/0
#
interface Serial4/0
#
interface NULL0
#
interface LoopBack0
 ip address 3.3.3.3 255.255.255.255
#
interface GigabitEthernet0/0
 port link - mode route
 combo enable copper
 ip address 192.168.2.1 255.255.255.0
#
interface GigabitEthernet0/1
 port link - mode route
 combo enable copper
 ip address 30.0.0.1 255.255.255.252
#
interface GigabitEthernet0/2
 port link - mode route
 combo enable copper
#
interface GigabitEthernet5/0
 port link - mode route
 combo enable copper
#
interface GigabitEthernet5/1
 port link - mode route
 combo enable copper
#
interface GigabitEthernet6/0
 port link - mode route
 combo enable copper
#
interface GigabitEthernet6/1
 port link - mode route
 combo enable copper
#
 scheduler logfile size 16
```

```
#
line class aux
 user - role network - operator
#
line class console
 user - role network - admin
#
line class tty
 user - role network - operator
#
line class vty
 user - role network - operator
#
line aux 0
 user - role network - operator
#
line con 0
 user - role network - admin
#
line vty 0 63
 user - role network - operator
#
 ip route - static 0.0.0.0 0 30.0.0.2
 ip route - static 20.0.0.0 24 30.0.0.2
 ip route - static 192.168.1.0 24 30.0.0.2
#
domain name system
#
 domain default enable system
#
role name level - 0
 description Predefined level - 0 role
#
role name level - 1
 description Predefined level - 1 role
#
role name level - 2
 description Predefined level - 2 role
#
role name level - 3
 description Predefined level - 3 role
#
role name level - 4
 description Predefined level - 4 role
#
role name level - 5
 description Predefined level - 5 role
#
role name level - 6
 description Predefined level - 6 role
#
role name level - 7
 description Predefined level - 7 role
```

```
#
role name level-8
 description Predefined level-8 role
#
role name level-9
 description Predefined level-9 role
#
role name level-10
 description Predefined level-10 role
#
role name level-11
 description Predefined level-11 role
#
role name level-12
 description Predefined level-12 role
#
role name level-13
 description Predefined level-13 role
#
role name level-14
 description Predefined level-14 role
#
user-group system
#
return
```

(4) PC_1 配置如图 3.11 所示。

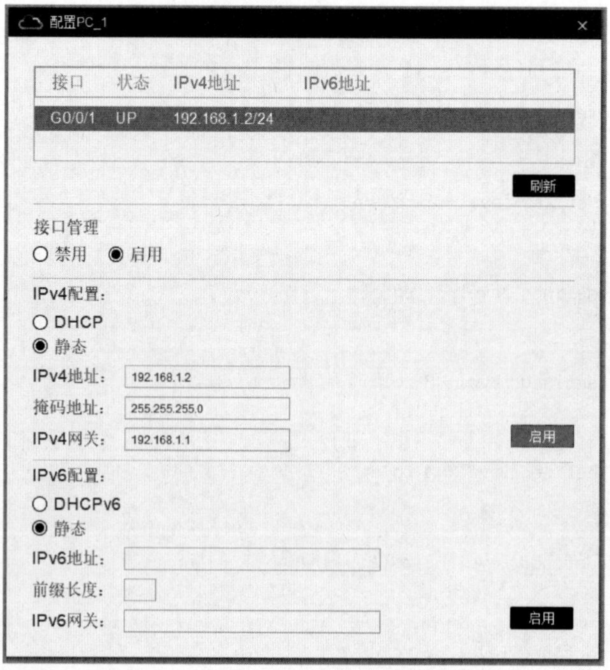

配置PC_1

接口	状态	IPv4地址	IPv6地址
G0/0/1	UP	192.168.1.2/24	

刷新

接口管理
○ 禁用 ◉ 启用

IPv4配置：
○ DHCP
◉ 静态
IPv4地址：192.168.1.2
掩码地址：255.255.255.0
IPv4网关：192.168.1.1
启用

IPv6配置：
○ DHCPv6
◉ 静态
IPv6地址：
前缀长度：
IPv6网关：
启用

图 3.11　PC_1 配置图

（5）PC_2 配置如图 3.12 所示。

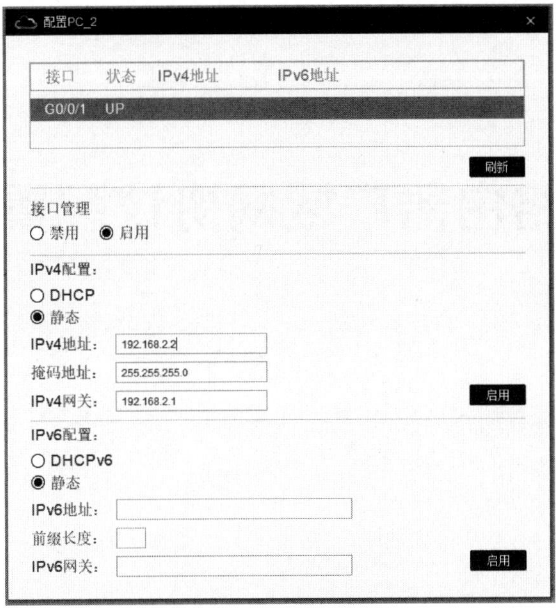

图 3.12　PC_2 配置图

路由器广域网协议配置

4.1 案例目的

通过该案例的学习，使学生掌握路由器上配置广域网协议的方法，通过 PPP 和 FR 的配置，实现广域网络的互联。

4.2 案例引言

PPP 是在点到点链路上承载网络层数据包的一种链路层协议。由于它能够提供用户验证，易于扩充，并且支持同异步通信，因而获得广泛应用。

PPP 定义了一整套协议，包括：

链路控制协议(Link Control Protocol，LCP)，主要用来建立、拆除和监控数据链路。

网络层控制协议(Network Control Protocol，NCP)，主要用来协商在该数据链路上所传输的数据包的格式与类型。

验证协议(PAP 和 CHAP)，用于网络安全方面的验证。

4.2.1 PPP 运行过程

如图 4.1 所示，各状态中英文标识说明如下：Dead——结束；Establish——建立；Authenticate——验证；Network——网络；Terminate——终止。

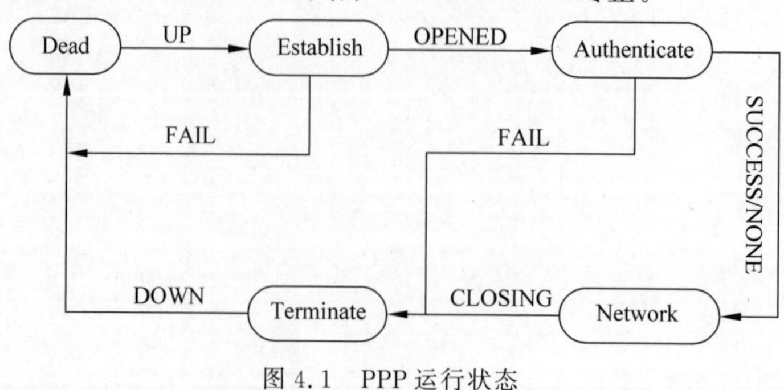

图 4.1 PPP 运行状态

开始建立 PPP 链路时，先进入 Establish 阶段。

在 Establish 阶段，PPP 链路进行 LCP 协商。协商内容包括工作方式（是 SP（Single-link PPP）还是 MP（Multilink PPP））、验证方式和最大接收单元等。LCP 协商成功后进入 OPENED 状态，表示底层链路已经建立。

如果配置了验证，将进入 Authenticate 阶段，开始 CHAP 或 PAP 验证。

如果验证失败，进入 Terminate 阶段，拆除链路，LCP 状态转为 DOWN。如果验证成功，进入 NCP 协商阶段，此时 LCP 状态仍为 OPENED，而 NCP 状态从 Initial 转到 Request。

NCP 协商支持 IPCP、MPLSCP、OSCICP 等协商。IPCP 协商主要包括双方的 IP 地址。通过 NCP 协商来选择和配置一个网络层协议。只有相应的网络层协议协商成功后，该网络层协议才可以通过这条 PPP 链路发送报文。

PPP 链路将一直保持通信，直至有明确的 LCP 或 NCP 帧关闭这条链路，或发生了某些外部事件，例如用户干预。

4.2.2　PPP 的 PAP 验证协议

PAP（Password Authentication Protocol）验证为两次握手验证，口令为明文，PAP 验证的过程如下：

被验证方发送本端用户名和口令到验证方。

验证方根据本地用户表查看是否有被验证方的用户名以及口令是否正确，然后返回不同的响应（接受或拒绝）。

PAP 不是一种安全的验证协议。当验证时，口令以明文方式在链路上发送，并且由于完成 PPP 链路建立后，被验证方会不停地在链路上反复发送用户名和口令，直到身份验证过程结束，所以不能防止攻击。

4.2.3　PPP 的 CHAP 验证协议

CHAP（Challenge Handshake Authentication Protocol）验证为三次握手验证，口令为密文（密钥）。CHAP 单向验证是指一端作为验证方，另一端作为被验证方。双向验证是单向验证的简单叠加，即两端都是既作为验证方又作为被验证方。在实际应用中一般只采用单向验证。

CHAP 单向验证过程分为两种情况：验证方配置用户名和验证方没有配置用户名。

推荐使用验证方配置用户名的方式，这样可以对验证方的用户名进行确认。

验证方配置了用户名的验证过程验证方配置了用户名的验证过程如下：

（1）验证方把随机产生的“质询”（Challenge）报文和本端主机名一起发送给被验证方。

（2）被验证方收到报文后，根据验证方的用户名在本地用户列表中查找本地口令。

根据查找到的口令和质询报文，通过 MD5 算法进行计算得出一个数值，并将计算得出的数值和自己的主机名发回验证方（Response）。

（3）验证方收到 Response 后，根据其中携带的被验证方主机名，在本端用户表中查找被验证方口令字，找到匹配项后，利用质询报文和被验证方口令字，通过 MD5 算法进行计算得出一个数值，根据此数值与收到的 Response 的结果进行比较，然后返回不同的响应（接受或拒绝）。

验证方没有配置用户名的验证过程验证方没有配置用户名时，验证方只把“质询”报文发送到被验证方。被验证方根据本地接口设置的口令和质询报文，通过 MD5 算法计算得出一个数值，并将计算得出的数值和自己的主机名发回验证方。其他过程和验证方配置用户名时相同。

4.2.4 FR 技术

帧中继协议是一种统计复用协议，它能够在单一物理传输线路上提供多条虚电路。帧中继用户的接入速率在 64kb/s～2Mb/s，甚至可达到 34Mb/s。

帧中继网络提供了用户设备之间进行数据通信的能力，其设备和接口类型划分如下：

（1）DTE(Data Terminal Equipment)：表示数据终端设备。

（2）DCE(Data Communication Equipment)：表示数据通信设备，用于将用户设备 DTE 接入网络。

（3）UNI(User Network Interface)：DTE 和 DCE 之间的接口被称为用户网络接口 UNI。

（4）NNI(Network Network Interface)：DCE 和 DCE 之间的接口被称为网络间接口 NNI。

帧中继可在 DDN 网上配置端口实现，在以 ATM 为主干的网络中，帧中继仍作为良好的用户接入方式。

4.3 步骤说明

在进行路由器广域网协议配置时，其详细步骤如下（以 HCL 模拟器中操作为例）：

（1）在模拟器中搭建拓扑。

（2）设备 IP 地址规划。

（3）登录路由器。

（4）进入系统视图模式。

（5）删除配置文件并重启路由器。

（6）配置路由器的端口 IP 地址。

（7）配置 PPP 协议，PAP 认证。

（8）FR 配置。

（9）配置默认路由。

（10）为 PC1 和 PC2 设置 IP 地址和网关。

（11）测试验证。

（12）保存并整理配置文档。

上述 12 个步骤的详细配置方法和过程以及测试验证，参见 4.5 节～4.8 节的内容。

4.4 应用效果

人们在串行线路协议(SLIP)基础上开发 PPP 协议来解决远程互联网连接的问题。PPP 协议修改了 slip 协议中的所有缺陷，PPP 协议是在点到点链路上承载网络层数据包的一种链路层协议，由于能够提供用户验证、易于扩充，并且支持同/异步通信，得到了广泛应用。

路由器上 PPP 协议的配置能够控制数据链路的建立，能够对广域网的 IP 地址进行分配和管理；允许同时采用多种网络层路由协议，能够配置和测试数据链路；能够有效进行错误检测。

帧中继(Frame Relay)，是在分组交换技术的基础上，简化分组交换的传输协议后产生的一种技术。帧中继线路是中小型企业常用的广域网线路。

帧中继技术是在分组交换技术的基础上发展起来的一种快速分组交换技术。帧中继协议可以认为是 X.25 协议的简化版，它去掉了 X.25 的纠错功能，把可靠性的实现交给高层协议处理。

4.5　拓扑构建及地址规划

1. 在模拟器中搭建拓扑

在模拟器中搭建拓扑如图 4.2 所示。

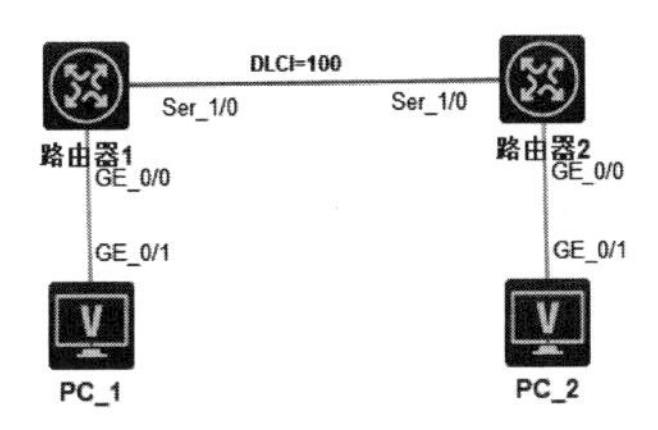

图 4.2　拓扑图

2. 各设备 IP 地址规划

IP 地址分配表如表 4.1 所示。

表 4.1　IP 地址分配表

设备名称	拓扑图接口(设备中实际接口)	IP 地址/掩码	网　关
PC_1	GE_0/1(G0/0/1)	192.168.1.2/24	192.168.1.1
PC_2	GE_0/1(G0/0/1)	192.168.2.2/24	192.168.2.1
路由器 1	GE_0/0	192.168.1.1/24	—
	Ser_1/0(Ser1/0)	20.0.0.1/30	—
路由器 2	GE_0/0	192.168.2.1/24	—
	Ser_1/0(Ser1/0)	20.0.0.2/30	—

4.6　功能配置

1. 作路由器的端口 IP 地址配置

根据表 4.1 分别为路由器 1 和路由器 2 的 GE_0/0 端口和 Ser_1/0 端口配置 IP 地址。

路由器 1 配置如下：

```
[R1]interface GigabitEthernet 0/0
[R1-GigabitEthernet0/0]ip address 192.168.1.1 24
[R1-GigabitEthernet0/0]quit
[R1]interface Serial 1/0
[R1-Serial1/0]ip address 20.0.0.1 30
```

路由器 2 配置如下：

```
[R2]int GigabitEthernet 0/0
[R2 - GigabitEthernet0/0]ip address 192.168.2.1 24
[R2 - GigabitEthernet0/0]quit
[R2]interface Serial 1/0
[R2 - Serial1/0]ip address 20.0.0.2 30
```

2. 为 PC1 和 PC2 设置 IP 地址和网关

根据表 4.1 给 PC_1 和 PC_2 配置相应的 IP 地址和网关地址。配置结果如图 4.3 和图 4.4 所示。

配置PC_1
接口 状态 IPv4地址 IPv6地址
G0/0/1 UP 192.168.1.2/24
刷新
接口管理
禁用 启用
IPv4配置:
DHCP
静态
IPv4地址: 192.168.1.2
掩码地址: 255.255.255.0
IPv4网关: 192.168.1.1
启用
IPv6配置:
DHCPv6
静态
IPv6地址:
前缀长度:
IPv6网关:
启用

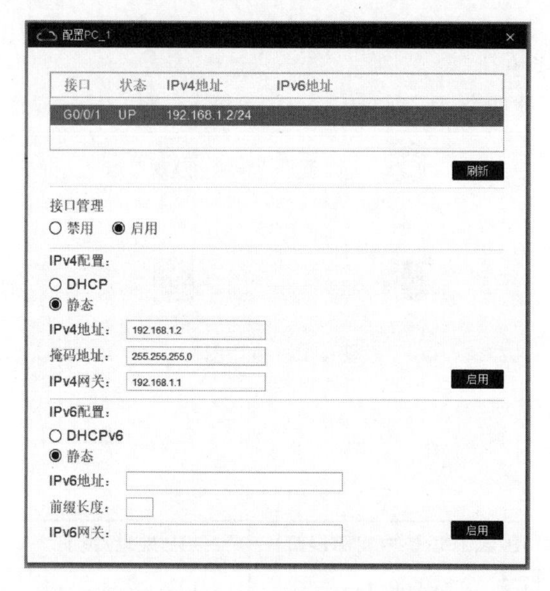

图 4.3 PC_1 设置网关、IP 地址图

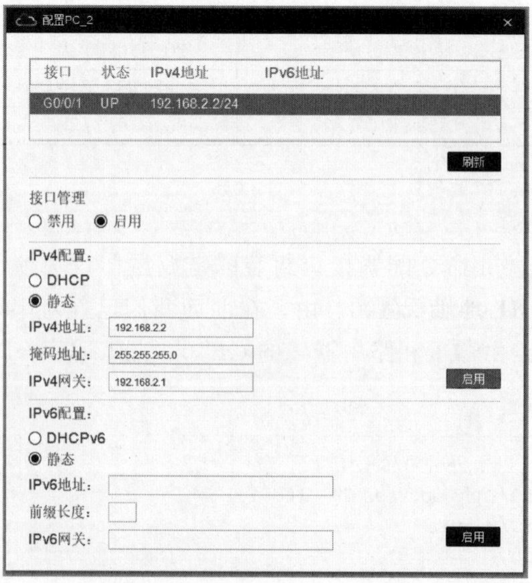

配置PC_2
接口 状态 IPv4地址 IPv6地址
G0/0/1 UP 192.168.2.2/24
刷新
接口管理
禁用 启用
IPv4配置:
DHCP
静态
IPv4地址: 192.168.2.2
掩码地址: 255.255.255.0
IPv4网关: 192.168.2.1
启用
IPv6配置:
DHCPv6
静态
IPv6地址:
前缀长度:
IPv6网关:
启用

图 4.4 PC_2 设置网关、IP 地址图

3. 在路由器上配置 PPP 协议、PAP 认证功能

我们指定路由器 1 为主验证方，路由器 2 为被验证方。本例中双方都采用默认封装 PPP，所以不需要再配置接口的链路封装协议。

(1) 在路由器 1 上将路由器 2 的用户名 happy 和密码 hello 添加到本地用户列表。密码采用明文方式出现。指定路由器为主验证方，验证方式为 PAP 验证。

路由器 1 配置如下：

```
[R1]local - user R1 class network
[R1 - luser - network - R1]password simple helloworld
[R1 - luser - network - R1]service - type ppp
[R1]interface Serial 1/0
[R1 - Serial1/0]ppp authentication - mode pap
```

(2) 配置路由器 2 为被验证方，用户名为 R1，密码为 helloworld。

路由器 2 配置如下：

```
[R2]interface Serial 1/0
[R2 - Serial1/0]ppp pap local - user R1 password simple helloworld
```

配置完成后，我们用 ping 命令来验证两个路由器之间是否互通。结果如下：

```
[R1]ping 20.0.0.2
Ping 20.0.0.2 (20.0.0.2): 56 data bytes, press CTRL_C to break
56 bytes from 20.0.0.2: icmp_seq = 0 ttl = 255 time = 2.000 ms
56 bytes from 20.0.0.2: icmp_seq = 1 ttl = 255 time = 0.000 ms
56 bytes from 20.0.0.2: icmp_seq = 2 ttl = 255 time = 1.000 ms
56 bytes from 20.0.0.2: icmp_seq = 3 ttl = 255 time = 1.000 ms
56 bytes from 20.0.0.2: icmp_seq = 4 ttl = 255 time = 0.000 ms
--- Ping statistics for 20.0.0.2 ---
5 packet(s) transmitted, 5 packet(s) received, 0.0% packet loss
round - trip min/avg/max/std - dev = 0.000/0.800/2.000/0.748 ms
[R1]%Nov 12 11: 05: 54: 271 2018 R1 PING/6/PING_STATISTICS: Ping statistics for 20.0.0.2: 5
packet(s) transmitted, 5 packet(s) received, 0.0% packet loss, round - trip min/avg/max/std -
dev = 0.000/0.800/2.000/0.748 ms.
```

4. 配置 FR，将 DLCI 值配置为 100

我们把路由器 1 作为 DCE 设备，路由器 2 作为 DTE 设备。分别进入两个路由器的串口 Ser_1/0，用 link-protocol 命令配置接口封装的链路层协议为帧中继。紧接着在接口视图下用 fr dlci 命令指定 DLCI 值为 100。由于在前面我们已经对串口配置了 IP 地址，所以在这里就不需要重复配置了。配置结果如下：

```
[R1]interface Serial 1/0
[R1 - Serial1/0]link - protocol fr
[R1 - Serial1/0]fr dlci 100
[R1 - Serial1/0]fr interface - type dce
```

```
[R2]interface Serial 1/0
[R2-Serial1/0]link-protocol fr
[R2-Serial1/0]fr dlci 100
[R2-Serial1/0] fr interface-type dte
```

5. 配置默认路由

用 ip route-static 命令在路由器 1 和路由器 2 上配置默认路由。配置结果如下：

```
[R1]ip route-static 0.0.0.0 0.0.0.0 20.0.0.2
```

```
[R2]ip route-static 0.0.0.0 0.0.0.0 20.0.0.1
```

6. PC_1 和 PC_2 互 ping 来验证配置

在 PC_1 上用 ping 命令测试到 PC_2 的可达性，结果如下：

```
<H3C>ping 192.168.2.2
Ping 192.168.2.2 (192.168.2.2): 56 data bytes, press CTRL_C to break
56 bytes from 192.168.2.2: icmp_seq=0 ttl=253 time=2.172 ms
56 bytes from 192.168.2.2: icmp_seq=1 ttl=253 time=2.089 ms
56 bytes from 192.168.2.2: icmp_seq=2 ttl=253 time=1.559 ms
56 bytes from 192.168.2.2: icmp_seq=3 ttl=253 time=2.068 ms
56 bytes from 192.168.2.2: icmp_seq=4 ttl=253 time=1.997 ms
--- Ping statistics for 192.168.2.2 ---
5 packet(s) transmitted, 5 packet(s) received, 0.0% packet loss
round-trip min/avg/max/std-dev = 1.559/1.977/2.172/0.216 ms
<H3C>%Nov 13 20:50:41:467 2018 H3C PING/6/PING_STATISTICS: Ping statistics for 192.168.
2.2: 5 packet(s) transmitted, 5 packet(s) received, 0.0% packet loss, round-trip min/avg/
max/std-dev = 1.559/1.977/2.172/0.216 ms.
```

4.7 思考题

在路由器上进行 PPP 配置，还有哪些认证方式？如何实现？

操作演示视频

4.8 设备配置文档

（1）路由器 1 配置文档如下：

```
#
 version 7.1.075, Alpha 7571
#
 sysname R1
#
 system-working-mode standard
 xbar load-single
 password-recovery enable
 lpu-type f-series
```

```
#
vlan 1
#
interface Serial1/0
 link - protocol fr
 fr interface - type dce
 fr dlci 100
 ip address 20.0.0.1 255.255.255.252
#
interface Serial2/0
#
interface Serial3/0
#
interface Serial4/0
#
interface NULL0
#
interface GigabitEthernet0/0
 port link - mode route
 combo enable copper
 ip address 192.168.1.1 255.255.255.0
#
interface GigabitEthernet0/1
 port link - mode route
 combo enable copper
#
interface GigabitEthernet0/2
 port link - mode route
 combo enable copper
#
interface GigabitEthernet5/0
 port link - mode route
 combo enable copper
#
interface GigabitEthernet5/1
 port link - mode route
 combo enable copper
#
interface GigabitEthernet6/0
 port link - mode route
 combo enable copper
#
interface GigabitEthernet6/1
 port link - mode route
 combo enable copper
#
 scheduler logfile size 16
#
line class aux
 user - role network - operator
#
line class console
 user - role network - admin
```

```
#
line class tty
 user-role network-operator
#
line class vty
 user-role network-operator
#
line aux 0
 user-role network-operator
#
line con 0
 user-role network-admin
#
line vty 0 63
 user-role network-operator
#
 ip route-static 0.0.0.0 0 20.0.0.2
#
domain name system
#
 domain default enable system
#
role name level-0
 description Predefined level-0 role
#
role name level-1
 description Predefined level-1 role
#
role name level-2
 description Predefined level-2 role
#
role name level-3
 description Predefined level-3 role
#
role name level-4
 description Predefined level-4 role
#
role name level-5
 description Predefined level-5 role
#
role name level-6
 description Predefined level-6 role
#
role name level-7
 description Predefined level-7 role
#
role name level-8
 description Predefined level-8 role
#
role name level-9
 description Predefined level-9 role
#
role name level-10
```

```
 description Predefined level-10 role
#
role name level-11
 description Predefined level-11 role
#
role name level-12
 description Predefined level-12 role
#
role name level-13
 description Predefined level-13 role
#
role name level-14
 description Predefined level-14 role
#
user-group system
#
local-user R1 class network
 password cipher $c$3$vhGRBOobGRf7jyhcftIrvEM1meUhAobJjehz1Ug=
 service-type ppp
 authorization-attribute user-role network-operator
#
return
```

（2）路由器 2 配置文档如下：

```
#
 version 7.1.075, Alpha 7571
#
 sysname R2
#
 system-working-mode standard
 xbar load-single
 password-recovery enable
 lpu-type f-series
#
vlan 1
#
interface Serial1/0
 link-protocol fr
 fr dlci 100
 ip address 20.0.0.2 255.255.255.252
#
interface Serial2/0
#
interface Serial3/0
#
interface Serial4/0
#
interface NULL0
#
interface GigabitEthernet0/0
 port link-mode route
```

```
 combo enable copper
 ip address 192.168.2.1 255.255.255.0
#
interface GigabitEthernet0/1
 port link-mode route
 combo enable copper
#
interface GigabitEthernet0/2
 port link-mode route
 combo enable copper
#
interface GigabitEthernet5/0
 port link-mode route
 combo enable copper
#
interface GigabitEthernet5/1
 port link-mode route
 combo enable copper
#
interface GigabitEthernet6/0
 port link-mode route
 combo enable copper
#
interface GigabitEthernet6/1
 port link-mode route
 combo enable copper
#
 scheduler logfile size 16
#
line class aux
 user-role network-operator
#
line class console
 user-role network-admin
#
line class tty
 user-role network-operator
#
line class vty
 user-role network-operator
#
line aux 0
 user-role network-operator
#
line con 0
 user-role network-admin
#
line vty 0 63
 user-role network-operator
#
 ip route-static 0.0.0.0 0 20.0.0.1
#
domain name system
```

```
#
 domain default enable system
#
role name level-0
 description Predefined level-0 role
#
role name level-1
 description Predefined level-1 role
#
role name level-2
 description Predefined level-2 role
#
role name level-3
 description Predefined level-3 role
#
role name level-4
 description Predefined level-4 role
#
role name level-5
 description Predefined level-5 role
#
role name level-6
 description Predefined level-6 role
#
role name level-7
 description Predefined level-7 role
#
role name level-8
 description Predefined level-8 role
#
role name level-9
 description Predefined level-9 role
#
role name level-10
 description Predefined level-10 role
#
role name level-11
 description Predefined level-11 role
#
role name level-12
 description Predefined level-12 role
#
role name level-13
 description Predefined level-13 role
#
role name level-14
 description Predefined level-14 role
#
user-group system
#
return
```

(3) PC_1 配置如图 4.5 所示。

配置PC_1

接口	状态	IPv4地址	IPv6地址
G0/0/1	UP	192.168.1.2/24	

刷新

接口管理
○ 禁用 ◉ 启用

IPv4配置:
○ DHCP
◉ 静态
IPv4地址: 192.168.1.2
掩码地址: 255.255.255.0
IPv4网关: 192.168.1.1
启用

IPv6配置:
○ DHCPv6
◉ 静态
IPv6地址:
前缀长度:
IPv6网关:
启用

图 4.5 PC_1 配置图

(4) PC_2 配置如图 4.6 所示。

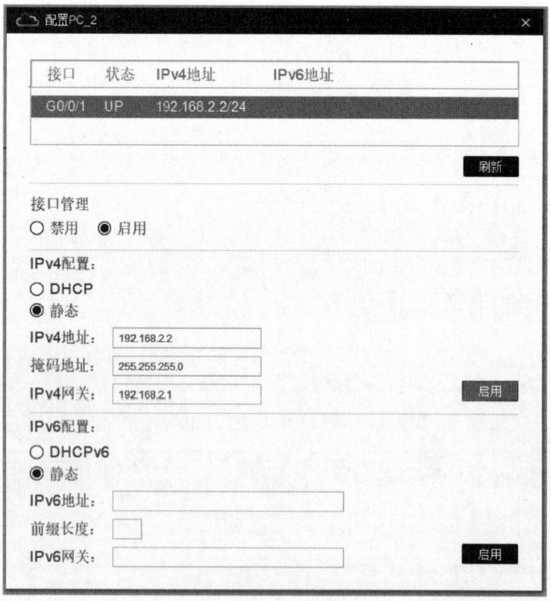

配置PC_2

接口	状态	IPv4地址	IPv6地址
G0/0/1	UP	192.168.2.2/24	

刷新

接口管理
○ 禁用 ◉ 启用

IPv4配置:
○ DHCP
◉ 静态
IPv4地址: 192.168.2.2
掩码地址: 255.255.255.0
IPv4网关: 192.168.2.1
启用

IPv6配置:
○ DHCPv6
◉ 静态
IPv6地址:
前缀长度:
IPv6网关:
启用

图 4.6 PC_2 配置图

路由器ACL和NAT配置

5.1 案例目的

通过该案例的学习,掌握在路由器上配置 ACL 和 NAT 的方法,实现对网络通信流量进行过滤和控制,并对内部网络拓扑进行屏蔽。

5.2 案例引言

ACL(Access Control List,访问控制列表)是一或多条规则的集合,用于识别报文流。这里的规则是指描述报文匹配条件的判断语句,匹配条件可以是报文的源地址、目的地址、端口号等。网络设备依照这些规则识别出特定的报文,并根据预先设定的策略对其进行处理。

当 ACL 被其他功能引用时,根据设备在实现该功能时的处理方式(硬件处理或者软件处理),ACL 可以被分为基于硬件的应用和基于软件的应用。

典型的基于硬件的应用包括报文过滤、QoS 策略；基于软件的应用包括路由、对登录用户(Telnet、SNMP)进行控制等。

在某些应用方式下(例如 QoS 策略),ACL 仅用于匹配报文,ACL 规则中的动作(deny 或 permit)被忽略,不作为对报文进行丢弃或转发的依据,类似情况请参见相应功能中的说明。

NAT(Network Address Translation,网络地址转换)是 1994 年提出的。当在专用网内部的一些主机本来已经分配到了本地 IP 地址(仅在本专用网内使用的专用地址),但现在又想和因特网上的主机通信(并不需要加密)时,可使用 NAT 方法。这种方法需要在专用网连接到因特网的路由器上安装 NAT 软件。装有 NAT 软件的路由器叫作 NAT 路由器,它至少有一个有效的外部全球 IP 地址。这样,所有使用本地地址的主机在和外界通信时,都要在 NAT 路由器上将其本地地址转换成全球 IP 地址,才能和因特网连接。另外,这种通过使用少量的公有 IP 地址代表较多的私有 IP 地址的方式,将有助于减缓可用的 IP 地址空间的枯竭。

5.2.1 ACL功能

（1）限制网络流量、提高网络性能。例如，ACL可以根据数据包的协议，指定这种类型的数据包具有更高的优先级，同等情况下可预先被网络设备处理。

（2）提供对通信流量的控制手段。

（3）提供网络访问的基本安全手段。

（4）在网络设备接口处，决定哪种类型的通信流量被转发、哪种类型的通信流量被阻塞。

例如，用户可以允许E-mail通信流量被路由，拒绝所有的Telnet通信流量。例如，某部门要求只能使用WWW这个功能，就可以通过ACL实现；又例如，为了某部门的保密性，不允许其访问外网，也不允许外网访问它，就可以通过ACL实现。

5.2.2 ACL工作原理

（1）当一个数据包进入一个端口，路由器检查这个数据包是否可路由。如果是可以路由的，路由器检查这个端口是否有ACL控制进入数据包。如果有，就根据ACL中的条件指令，检查这个数据包。如果数据包是被允许的，就查询路由表，决定数据包的目标端口。

（2）路由器检查目标端口是否存在ACL控制流出的数据包。若不存在，这个数据包就直接发送到目标端口。若存在，就再根据ACL进行取舍，然后转发到目的端口。

总之，数据包一入站，路由器处理器将其调入内存，读取数据包的包头信息，如目标IP地址，并搜索路由器的路由表，查看是否在路由表项中，如果有，则从路由表的选择接口转发(如果无，则丢弃该数据包)，数据进入该接口的访问控制列表(如果无访问控制规则，直接转发)，然后按条件进行筛选。

当ACL处理数据包时，一旦数据包与某条ACL语句匹配，则会跳过列表中剩余的其他语句，根据该条匹配的语句内容决定允许或者拒绝该数据包。如果数据包内容与ACL语句不匹配，那么将依次使用ACL列表中的下一条语句测试数据包。该匹配过程会一直继续，直到抵达列表末尾。最后一条隐含的语句适用于不满足之前任何条件的所有数据包。这条最后的测试条件与这些数据包匹配，通常会隐含拒绝一切数据包的指令。此时路由器不会让这些数据进入或送出接口，而是直接丢弃。最后这条语句通常称为隐式的deny any语句。由于该语句的存在，所以在ACL中应该至少包含一条permit语句，否则，默认情况下，ACL将阻止所有流量。

5.2.3 ACL分类

1. 标准IP访问列表

一个标准IP访问控制列表匹配IP包中的源地址或源地址中的一部分，可对匹配的包采取拒绝或允许两个操作。编号范围为1～99的访问控制列表是标准IP访问控制列表。

2. 扩展IP访问

扩展IP访问控制列表比标准IP访问控制列表具有更多的匹配项，包括协议类型、源地址、目的地址、源端口、目的端口、建立连接的和IP优先级等。编号范围为100～199(不同公司的设备，编号范围有差异)的访问控制列表是扩展IP访问控制列表。

3. 命名的 IP 访问

所谓命名的 IP 访问控制列表是以列表名代替列表编号来定义 IP 访问控制列表，同样包括标准和扩展两种列表，定义过滤的语句与编号方式中相似。

4. 标准 IPX 访问

标准 IPX 访问控制列表的编号范围是 800～899，它检查 IPX 源网络号和目的网络号，同样可以检查源地址和目的地址的节点号部分。

5. 扩展 IPX 访问

扩展 IPX 访问控制列表在标准 IPX 访问控制列表的基础上，增加了对 IPX 报头中以下几个字段的检查，包括协议类型、源 Socket、目标 Socket。扩展 IPX 访问控制列表的编号范围是 900～999。

6. 命名的 IPX 访问

与命名的 IP 访问控制列表一样，命名的 IPX 访问控制列表是使用列表名取代列表编号。从而方便定义和引用列表，同样有标准和扩展之分。

5.2.4　ACL 的使用

ACL 的使用分为两步：

(1) 创建访问控制列表 ACL，根据实际需要设置对应的条件项。

(2) 将 ACL 应用到路由器指定接口的指定方向(in/out)上。

在 ACL 的配置与使用中需要注意以下事项：

(1) ACL 是自顶向下顺序进行处理，一旦匹配成功，就会进行处理，且不再比对以后的语句，所以 ACL 中语句的顺序很重要。应将最严格的语句放在最上面，最不严格的语句放在底部。

(2) 当所有语句没有匹配成功时，会丢弃分组。这也称为 ACL 隐性拒绝。

(3) 每个接口在每个方向上，只能应用一个 ACL。

(4) 标准 ACL 应该部署在距离分组的目的网络近的位置，扩展 ACL 应该部署在距离分组发送者近的位置。

5.2.5　NAT

要真正了解 NAT 就必须先了解现在 IP 地址的使用情况，私有 IP 地址是指内部网络或主机的 IP 地址，公有 IP 地址是指在因特网上全球唯一的 IP 地址。RFC 1918 为私有网络预留出了三个 IP 地址块，如下：

A 类：10.0.0.0～10.255.255.255。

B 类：172.16.0.0～172.31.255.255。

C 类：192.168.0.0～192.168.255.255。

上述三个范围内的地址不会在因特网上被分配，因此可以不必向 ISP 或注册中心申请而在公司或企业内部自由使用。

随着接入 Internet 的计算机数量不断猛增，IP 地址资源也就显得愈加捉襟见肘。事实上，除了中国教育和科研计算机网(CERNET)外，一般用户几乎申请不到整段的 C 类 IP 地址。在其他 ISP 中，即使是拥有几百台计算机的大型局域网用户，当他们申请 IP 地址时，所分配的地址也不过只有几个或十几个 IP 地址。显然，这样少的 IP 地址根本无法满足网络用户的需求，于是产生了 NAT 技术。

虽然 NAT 可以借助某些代理服务器来实现，但考虑到运算成本和网络性能，很多时候都是在路由器上来实现的。

5.2.6 NAT 工作原理

当私网用户访问公网的报文到达网关设备后，如果网关设备上部署了 NAT 功能，设备会将收到的 IP 数据报文头中的 IP 地址转换为另一个 IP 地址，端口号转换为另一个端口号之后转发给公网。在这个过程中，设备可以用同一个公网地址来转换多个私网用户发过来的报文，并通过端口号来区分不同的私网用户，从而达到地址复用的目的。

早期的 NAT 是指 Basic NAT，Basic NAT 在技术上实现比较简单，只支持地址转换，不支持端口转换。因此，Basic NAT 只能解决私网主机访问公网问题，无法解决 IPv4 地址短缺问题。后期的 NAT 主要是指网络地址端口转换(Network Address Port Translation，NAPT)，NAPT 既支持地址转换也支持端口转换，允许多台私网主机共享一个公网 IP 地址访问公网，因此 NAPT 才可以真正改善 IP 地址短缺问题。

下面以 NAPT 为代表，介绍其工作原理。其他类型的 NAT 虽然在转换时，转换的内容有细微差别，但是工作原理都相似，不再重复介绍。NAPT 工作原理如图 5.1 所示。

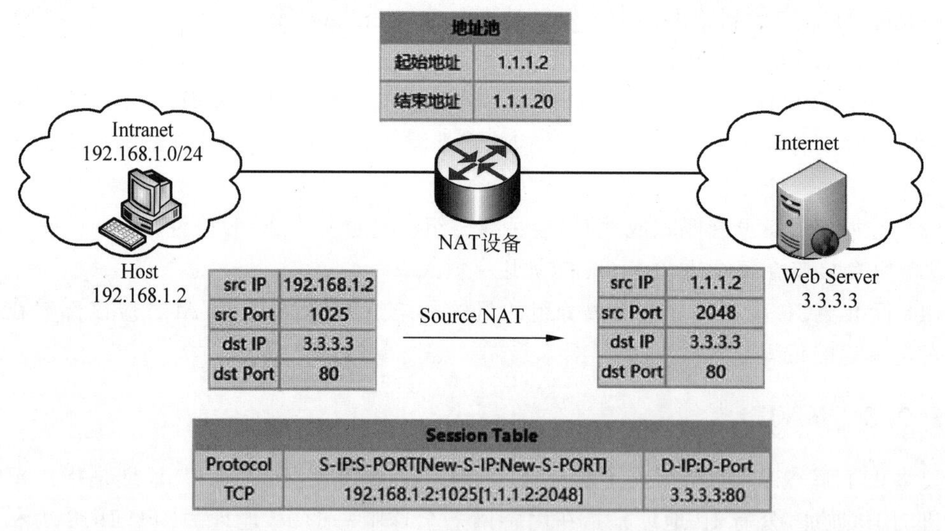

图 5.1 NAPT 工作原理

NAPT 在进行地址转换的同时还进行端口转换，可以实现多个私网用户共同使用一个公网 IP 地址上网。NAPT 根据端口来区分不同用户，真正做到了地址复用。

在图 5.1 中，当 Host 访问 Web Server 时，设备的处理过程如下：

步骤 1：设备收到 Host 发送的报文后查找 NAT 策略，发现需要对报文进行地址转换。

步骤 2：设备根据源 IP Hash 算法从 NAT 地址池中选择一个公网 IP 地址，替换报文的源 IP 地址，同时使用新的端口号替换报文的源端口号，并建立会话表，然后将报文发送至 Internet。

步骤 3：设备收到 Web Server 响应 Host 的报文后，通过查找会话表匹配到步骤 2 中建立的表项，将报文的目的地址替换为 Host 的 IP 地址，将报文的目的端口号替换为原始的端口号，然后将报文发送至 Intranet。

5.2.7　NAT 实现方式

NAT 的实现方式有三种，即静态转换 Static Nat、动态转换 Dynamic Nat 和端口多路复用 OverLoad。

静态转换是指将内部网络的私有 IP 地址转换为公有 IP 地址，IP 地址对是一对一的，是一成不变的，某个私有 IP 地址只转换为某个公有 IP 地址。借助静态转换，可以实现外部网络对内部网络中某些特定设备(如服务器)的访问。

动态转换是指将内部网络的私有 IP 地址转换为公用 IP 地址时，IP 地址是不确定的，是随机的，所有被授权访问 Internet 的私有 IP 地址可随机转换为任何指定的合法 IP 地址。也就是说，只要指定哪些内部地址可以进行转换，以及用哪些合法地址作为外部地址时，就可以进行动态转换。动态转换可以使用多个合法外部地址集。当 ISP 提供的合法 IP 地址略少于网络内部的计算机数量时，可以采用动态转换的方式。

端口地址转换(Port Address Translation，PAT)又称端口多路复用，是指改变外出数据包的源端口并进行端口转换，采用了端口多路复用方式。内部网络的所有主机均可共享一个合法外部 IP 地址实现对 Internet 的访问，从而可以最大限度地节约 IP 地址资源。同时，又可隐藏网络内部的所有主机，有效避免来自 Internet 的攻击。因此，目前网络中应用最多的就是端口多路复用方式。

ALG(Application Level Gateway)，即应用程序级网关技术。传统的 NAT 技术只对 IP 层和传输层头部进行转换处理，但是一些应用层协议，在协议数据报文中包含了地址信息。为了使得这些应用也能透明地完成地址转换，NAT 使用一种称作 ALG 的技术，它能对这些应用程序在通信时所包含的地址信息也进行相应的地址转换。例如，对于 FTP 协议的 PORT/PASV 命令、DNS 协议的"A"和"PTR" queries 命令以及部分 ICMP 消息类型等都需要相应的 ALG 来支持。

如果协议数据报文中不包含地址信息，则很容易利用传统的 NAT 技术来完成透明的地址转换功能，通常我们使用的如下应用就可以直接利用传统的 NAT 技术：HTTP、TELNET、FINGER、NTP、NFS、ARCHIE、RLOGIN、RSH、RCP 等。

5.3　步骤说明

在进行路由器广域网协议配置时，其详细步骤如下(以 HCL 模拟器中操作为例)：

(1) 在模拟器中搭建拓扑。

(2) 设备 IP 地址规划。

(3) 登录路由器。

(4) 进入系统视图模式。

(5) 删除配置文件并重启路由器。

(6) 配置路由器的端口 IP 地址。

(7) ACL 配置。

(8) 用户 NAT 的地址池配置。

(9) 配置允许进行 NAT 转换的内网地址段。

(10) 在出接口上进行 NAT 转换。

(11) 配置默认路由。

(12) 对外提供服务,允许由外向内的访问。

(13) 为 PC1 和 PC2 设置 IP 地址和网关。

(14) 验证配置。

上述 14 个步骤的详细配置方法和过程以及测试验证,参看 5.5 节~5.8 节的内容。

5.4 应用效果

NAT 不仅能解决 IP 地址不足的问题,而且还能够有效地避免来自网络外部的攻击,隐藏并保护网络内部的计算机。

(1) 宽带分享:这是 NAT 主机的最大功能。

(2) 安全防护:NAT 之内的 PC 联机到 Internet 时,其所显示的 IP 是 NAT 主机的公共 IP,所以 Client 端的 PC 具有一定程度的安全,外界在进行 portscan(端口扫描)时,侦测不到源 Client 端的 PC 。

5.5 拓扑构建及地址规划

1. 在模拟器中搭建拓扑

在模拟器中搭建拓扑如图 5.2 所示。

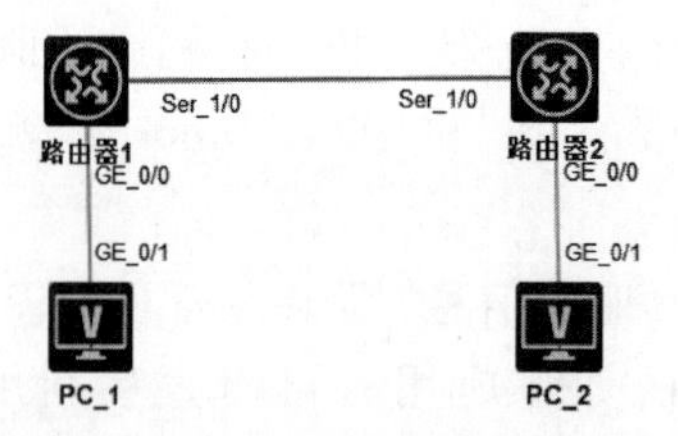

图 5.2 拓扑图

2. 各设备 IP 地址规划

IP 地址分配表如表 5.1 所示。

表 5.1 IP 地址分配表

设备名称	拓扑图接口(设备中实际接口)	IP 地址/掩码	网关
PC_1	GE_0/1(G0/0/1)	192.168.1.2/24	192.168.1.1
PC_2	GE_0/1(G0/0/1)	192.168.2.2/24	192.168.2.1
路由器 1	GE_0/0	192.168.1.1/24	—
	Ser_1/0(Ser1/0)	20.0.0.1/24	—
路由器 2	GE_0/0	192.168.2.1/24	—
	Ser_1/0(Ser1/0)	20.0.0.2/24	—

5.6　功能配置

1. 作路由器的端口 IP 地址配置

在系统视图模式下，用 interface 命令进入相应路由器端口用 ip address 命令配置 IP 地址。

路由器 1 配置命令：

```
[R1]interface g0/0
[R1 - GigabitEthernet0/0]ip address 192.168.1.1 24
[R1 - GigabitEthernet0/0]interface s1/0
[R1 - Serial1/0]ip address 20.0.0.1 24
```

路由器 2 配置命令：

```
[R2]interface g0/0
[R2 - GigabitEthernet0/0]ip address 192.168.2.1 24
[R2 - GigabitEthernet0/0]interface s1/0
[R2 - Serial1/0]ip   address 20.0.0.2 24
```

2. ACL 配置

在系统视图模式下，用 acl 命令来创建一个基本 ACL，并进入相应 ACL 视图。

路由器 1 配置命令：

```
[R1]acl basic 2000
[R1 - acl - ipv4 - basic - 2000]
```

路由器 2 配置命令：

```
[R2]acl basic 2000
[R2 - acl - ipv4 - basic - 2000]
```

3. 用户 NAT 的地址池配置

在系统视图模式下，用 nat addrcss-group 命令来创建一个地址组，并进入地址组视图。

路由器 1 配置命令：

```
[R1]nat address - group 1
[R1 - address - group - 1]address 20.0.0.3 20.0.0.10
```

路由器 2 配置命令：

```
[R2]nat address - group 1
[R2 - address - group - 1] address 20.0.0.11 20.0.0.20   //R2 可以不配
```

4. 配置允许进行 NAT 转换的内网地址段

路由器 1 配置命令：

```
[R1]acl basic 2000
[R1-acl-ipv4-basic-2000]rule 0 permit source 192.168.1.0 0.0.0.255
```

路由器 2 配置命令：

```
[R2]acl basic 2000
[R2-acl-ipv4-basic-2000]rule 0 permit source 192.168.2.0 0.0.0.255    //R2 可以不配
```

5. 在出接口进行 NAT 转换

路由器 1 配置命令：

```
[R1]interface Serial1/0
[R1-Serial1/0]nat outbound 2000 address-group 1 no-pat
[R1-Serial1/0]nat server global 20.0.0.254 inside 192.168.1.2    //由外向内访问
```

路由器 2 配置命令：

```
[R2]interface Serial1/0
[R2-Serial1/0]nat outbound 2000 address-group 1 no-pat    //R2 可以不配
```

6. 配置默认路由

路由器 1 配置命令：

```
[R1]ip route-static 0.0.0.0 0.0.0.0 20.0.0.2
```

路由器 2 配置命令：

```
[R2]ip route-static 0.0.0.0 0.0.0.0 20.0.0.1
```

7. 为 PC1 和 PC2 设置 IP 地址和网关

PC1 和 PC2 的 IP 地址分配表如表 5.2 所示。

表 5.2 PC1 和 PC2 的 IP 地址分配表

设备名称	拓扑图接口(设备中实际接口)	IP 地址	网关
PC_1	GE_0/1(G0/0/1)	192.168.1.2/24	192.168.1.1/24
PC_2	GE_0/1(G0/0/1)	192.168.2.2/24	192.168.2.1/24

8. 验证配置

(1) 使用 display nat all 显示 nat 配置信息。

路由器 R1 上执行 dis nat all 指令后的结果如下：

```
[R1]dis nat all
NAT address group information:
  Totally 1 NAT address groups.
  Address group 1:
    Port range: 1-65535
    Address information:
      Start address          End address
```

```
      20.0.0.3                  20.0.0.10

NAT outbound information:
  Totally 1 NAT outbound rules.
  Interface: Serial1/0
    ACL: 2000          Address group: 1        Port-preserved: N
    NO-PAT: Y           Reversible: N
    Config status: Active

NAT internal server information:
  Totally 1 internal servers.
  Interface: Serial1/0
    Protocol: 0(IPv4)
    Global IP/port: 20.0.0.254/0
    Local IP/port : 192.168.1.2/0
    Config status : Active

NAT logging:
  Log enable: Disabled
  Flow-begin: Disabled
  Flow-end: Disabled
  Flow-active: Disabled
  Port-block-assign: Disabled
  Port-block-withdraw: Disabled
  Port-alloc-fail: Disabled
  Port-block-alloc-fail: Disabled
  Port-usage: Disabled
  Port-block-usage: Enabled(90%)

  Mapping mode: Address and Port-Dependent
  ACL: ---
  Config status: Active

NAT ALG:
  DNS: Enabled
  FTP: Enabled
  H323: Disabled
  ICMP-ERROR: Enabled
  ILS: Disabled
  MGCP: Disabled
  NBT: Disabled
  PPTP: Disabled
  RTSP: Enabled
  RSH: Disabled
  SCCP: Disabled
  SIP: Disabled
  SQLNET: Disabled
  TFTP: Disabled
  XDMCP: Disabled
```

（2）使用 display nat session verbose 指令查看 NAT 状况，测试各项服务是否正确提供并在路由器 1 上查看 NAT 转换结果。

```
<R1> dis nat session verbose
Slot 0:
Initiator:
  Source      IP/port: 192.168.2.2/164
  Destination IP/port: 20.0.0.254/2048      //由外向内访问
  DS-Lite tunnel peer: -
  VPN instance/VLAN ID/Inline ID: -/-/-
  Protocol: ICMP(1)
  Inbound interface: Serial1/0
Responder:
  Source      IP/port: 192.168.1.2/164
  Destination IP/port: 192.168.2.2/0
  DS-Lite tunnel peer: -
  VPN instance/VLAN ID/Inline ID: -/-/-
  Protocol: ICMP(1)
  Inbound interface: GigabitEthernet0/0
State: ICMP_REPLY
Application: OTHER
Role: -
Failover group ID: -
Start time: 2023-02-08 22:50:24    TTL: 13s
Initiator->Responder:              0 packets          0 bytes
Responder->Initiator:              0 packets          0 bytes
Initiator:
  Source      IP/port: 192.168.1.2/163
  Destination IP/port: 192.168.2.2/2048
  DS-Lite tunnel peer: -
  VPN instance/VLAN ID/Inline ID: -/-/-
  Protocol: ICMP(1)
  Inbound interface: GigabitEthernet0/0
Responder:
  Source      IP/port: 192.168.2.2/163
  Destination IP/port: 20.0.0.6/0   //由内向外访问
  DS-Lite tunnel peer: -
  VPN instance/VLAN ID/Inline ID: -/-/-
  Protocol: ICMP(1)
  Inbound interface: Serial1/0
State: ICMP_REPLY
Application: OTHER
Role: -
Failover group ID: -
Start time: 2023-02-08 22:48:52    TTL: 29s
Initiator->Responder:              0 packets          0 bytes
Responder->Initiator:              0 packets          0 bytes
Total sessions found: 2
```

5.7 思考题

在路由器上做 NAT 转换除地址池方式外，还有哪些方式？如何实现？

5.8　设备配置文档

关键配置语句已在下列设备导出配置文档中进行了标识。

操作演示视频

（1）路由器 1 配置文档如下：

```
<R1>dis cur
#
 version 7.1.075, Alpha 7571
#
 sysname R1
#
 system-working-mode standard
 xbar load-single
 password-recovery enable
 lpu-type f-series
#
vlan 1
#
interface Serial1/0
 ip address 20.0.0.1 255.255.255.0
 nat outbound 2000 address-group 1 no-pat
 nat server global 20.0.0.254 inside 192.168.1.2
#
interface Serial2/0
#
interface Serial3/0
#
interface Serial4/0
#
interface NULL0
#
interface GigabitEthernet0/0
 port link-mode route
 combo enable copper
 ip address 192.168.1.1 255.255.255.0
#
interface GigabitEthernet0/1
 port link-mode route
 combo enable copper
#
interface GigabitEthernet0/2
 port link-mode route
 combo enable copper
#
interface GigabitEthernet5/0
 port link-mode route
 combo enable copper
#
interface GigabitEthernet5/1
 port link-mode route
```

```
 combo enable copper
#
interface GigabitEthernet6/0
 port link-mode route
 combo enable copper
#
interface GigabitEthernet6/1
 port link-mode route
 combo enable copper
#
 scheduler logfile size 16
#
line class aux
 user-role network-operator
#
line class console
 user-role network-admin
#
line class tty
 user-role network-operator
#
line class vty
 user-role network-operator
#
line aux 0
 user-role network-operator
#
line con 0
 user-role network-admin
#
line vty 0 63
 user-role network-operator
#
 ip route-static 0.0.0.0 0 20.0.0.2
#
acl basic 2000
 rule 0 permit source 192.168.1.0 0.0.0.255
#
domain name system
#
 domain default enable system
#
role name level-0
 description Predefined level-0 role
#
role name level-1
 description Predefined level-1 role
#
role name level-2
 description Predefined level-2 role
#
role name level-3
 description Predefined level-3 role
```

```
#
role name level - 4
 description Predefined level - 4 role
#
role name level - 5
 description Predefined level - 5 role
#
role name level - 6
 description Predefined level - 6 role
#
role name level - 7
 description Predefined level - 7 role
#
role name level - 8
 description Predefined level - 8 role
#
role name level - 9
 description Predefined level - 9 role
#
role name level - 10
 description Predefined level - 10 role
#
role name level - 11
 description Predefined level - 11 role
#
role name level - 12
 description Predefined level - 12 role
#
role name level - 13
 description Predefined level - 13 role
#
role name level - 14
 description Predefined level - 14 role
#
user - group system
#
nat address - group 1
 address 20.0.0.3 20.0.0.10
#
return
```

(2) 路由器 2 配置文档如下：

```
[R2]dis cur
#
 version 7.1.075, Alpha 7571
#
 sysname R2
#
 system - working - mode standard
 xbar load - single
```

```
 password-recovery enable
 lpu-type f-series
#
vlan 1
#
interface Serial1/0
 ip address 20.0.0.2 255.255.255.0
#
interface Serial2/0
#
interface Serial3/0
#
interface Serial4/0
#
interface NULL0
#
interface GigabitEthernet0/0
 port link-mode route
 combo enable copper
 ip address 192.168.2.1 255.255.255.0
#
interface GigabitEthernet0/1
 port link-mode route
 combo enable copper
#
interface GigabitEthernet0/2
 port link-mode route
 combo enable copper
#
interface GigabitEthernet5/0
 port link-mode route
 combo enable copper
#
interface GigabitEthernet5/1
 port link-mode route
 combo enable copper
#
interface GigabitEthernet6/0
 port link-mode route
 combo enable copper
#
interface GigabitEthernet6/1
 port link-mode route
 combo enable copper
#
 scheduler logfile size 16
#
line class aux
 user-role network-operator
```

```
#
line class console
 user - role network - admin
#
line class tty
 user - role network - operator
#
line class vty
 user - role network - operator
#
line aux 0
 user - role network - operator
#
line con 0
 user - role network - admin
#
line vty 0 63
 user - role network - operator
#
 ip route - static 0.0.0.0 0 20.0.0.1
#
domain name system
#
 domain default enable system
#
role name level - 0
 description Predefined level - 0 role
#
role name level - 1
 description Predefined level - 1 role
#
role name level - 2
 description Predefined level - 2 role
#
role name level - 3
 description Predefined level - 3 role
#
role name level - 4
 description Predefined level - 4 role
#
role name level - 5
 description Predefined level - 5 role
#
role name level - 6
 description Predefined level - 6 role
#
role name level - 7
 description Predefined level - 7 role
```

```
#
role name level-8
 description Predefined level-8 role
#
role name level-9
 description Predefined level-9 role
#
role name level-10
 description Predefined level-10 role
#
role name level-11
 description Predefined level-11 role
#
role name level-12
 description Predefined level-12 role
#
role name level-13
 description Predefined level-13 role
#
role name level-14
 description Predefined level-14 role
#
user-group system
#
return
#
```

(3) PC_1 配置如图 5.3 所示。

图 5.3 PC_1 配置

（4）PC_2 配置如图 5.4 所示。

图 5.4　PC_2 配置

防火墙基本配置

6.1 案例目的

通过该案例的学习，掌握在防火墙上配置 ACL 和 NAT 的方法，实现对网络通信流量进行过滤和控制，并对内部网络拓扑进行屏蔽。

6.2 案例引言

防火墙作为内外网的边界设备，ACL 和 NAT 技术在其上应用普遍。

在路由器和防火墙上，应用 ACL 和 NAT 技术时，要注意两者的区别。通常路由器重在路由及转发数据包，而防火墙重在控制数据包。

ACL 技术在路由器、防火墙中被广泛采用，它是一种基于包过滤的流控制技术。控制列表通过把源地址、目的地址及端口号作为数据包检查的基本元素，并规定符合条件的数据包是否允许通过。ACL 通常应用在企业的出口控制上，可以通过实施 ACL，有效地部署企业网络出网策略。随着局域网内部网络资源的增加，一些企业已经开始使用 ACL 来控制对局域网内部资源的访问能力，进而来保障这些资源的安全性。

NAT(Network Address Translation，网络地址转换)是将 IP 数据报文头中的 IP 地址转换为另一个 IP 地址的过程。在实际应用中，NAT 主要应用在连接两个网络的边缘设备上，用于实现允许内部网络用户访问外部公共网络以及允许外部公共网络访问部分内部网络资源(例如内部服务器)的目的。NAT 最初的设计目的是实现私有网络访问公共网络的功能，后扩展为实现任意两个网络间进行访问时的地址转换应用。

6.2.1 私网主机访问公网服务器

在许多小区、学校和企业网的内网规划中，由于公网地址资源有限，内部用户实际使用的都是私网地址，在这种情况下，可以使用 NAT 技术来实现内部用户对公网的访问。

如图 6.1 所示，通过在 NAT 网关上配置 NAT 转换规则，可以实现私网主机访问公网服务器。

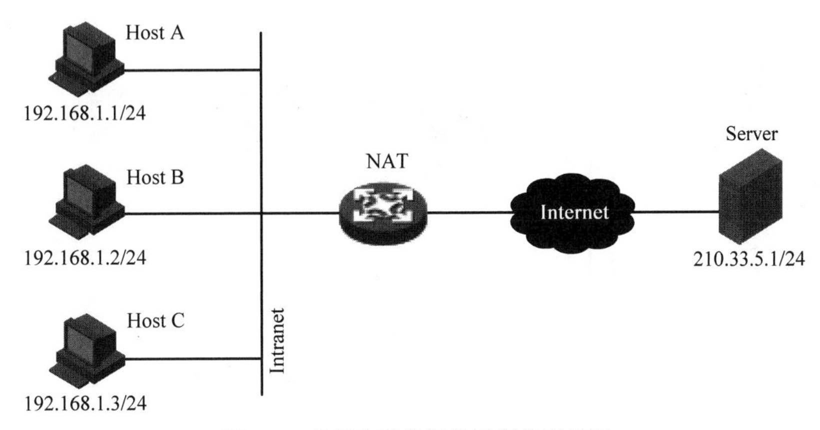

图 6.1　私网主机访问公网服务器组网

6.2.2　公网主机访问私网服务器

在某些场合，私网内部有一些服务器需要向公网提供服务，例如一些位于私网内的 Web 服务器、FTP 服务器等，NAT 可以支持这样的应用。如图 6.2 所示，通过配置 NAT Server，即定义“公网 IP 地址＋端口号”与“私网 IP 地址＋端口号”间的映射关系，位于公网的主机能够通过该映射关系访问到位于私网的服务器。

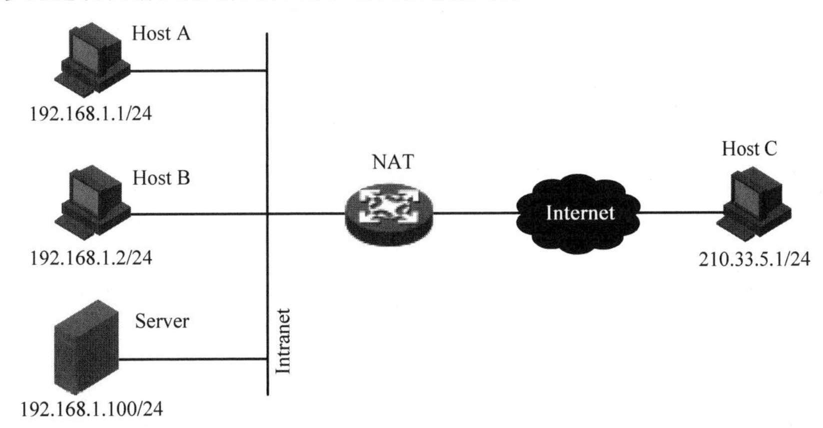

图 6.2　公网主机访问私网服务器组网

6.2.3　私网主机通过域名访问私网服务器

在某些场合，私网用户希望通过域名访问位于同一私网的内部服务器，而 DNS 服务器位于公网，此时可通过 DNS Mapping 方式来实现。如图 6.3 所示，通过配置 DNS Mapping 映射表，即定义“域名—公网 IP 地址—公网端口—协议类型”间的映射关系，将 DNS 响应报文中携带的公网 IP 地址替换成内部服务器的私网 IP 地址，从而使私网用户可以通过域名来访问该服务器。

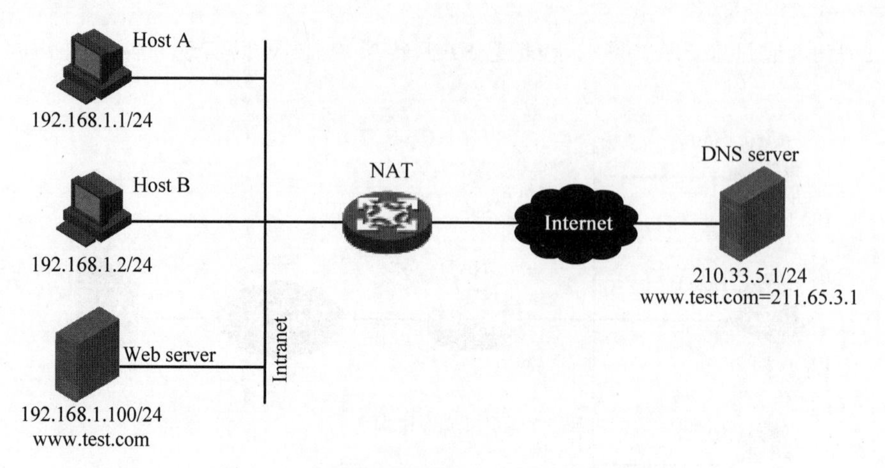

图 6.3 私网主机通过域名访问私网服务器

6.2.4 不同 VPN 的主机使用相同的私网地址访问公网

当分属不同 MPLS VPN 的主机使用相同的私网地址，并通过同一个出口设备访问 Internet 时，NAT 多实例可实现这些地址重叠的主机同时访问公网服务器。如图 6.4 所示，Host A 和 Host B 具有相同的私网地址，且分属不同的 VPN，NAT 能够区分属于不同 VPN 的主机，允许两者同时访问公网服务器。

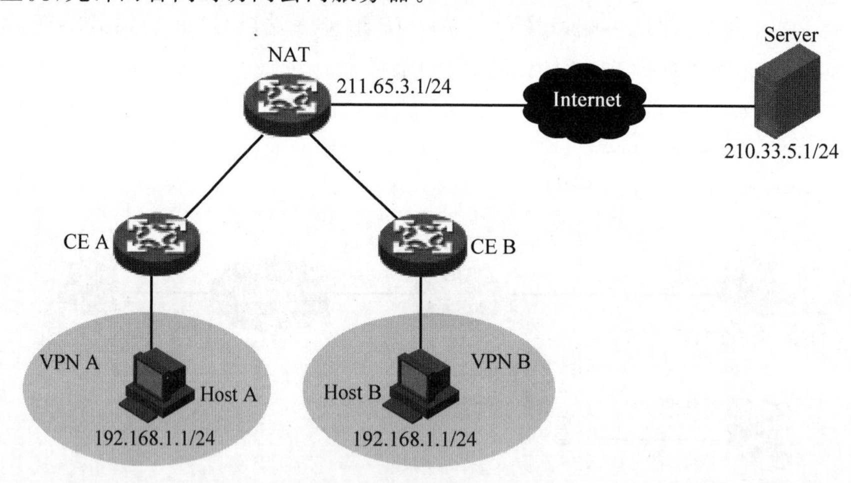

图 6.4 NAT 多实例组网图

6.3 步骤说明

在进行防火墙广域网协议配置时，其详细步骤如下(以 HCL 模拟器中操作为例)：

(1) 在模拟器中搭建拓扑。

(2) 设备 IP 地址规划。

(3) 登录防火墙。

(4) 进入系统视图模式。

(5) 删除配置文件并重启防火墙。

(6) 配置防火墙的端口 IP 地址。

(7) ACL 配置。

(8) 用户 NAT 的地址池配置。

(9) 配置允许进行 NAT 转换的内网地址段。

(10) 在出接口上进行 NAT 转换。

(11) 配置默认路由。

(12) 对外提供 FTP 服务。

(13) 为 PC1 和 PC2 设置 IP 地址和网关。

(14) 验证配置。

上述 14 个步骤的详细配置方法和过程以及测试验证,参见 6.5 节～6.8 节的内容。

6.4　应用效果

访问控制列表(Access Control Lists,ACL)是应用在 NAT 设备接口的指令列表。这些指令列表用来告诉防火墙哪些数据包可以接收,哪些数据包需要拒绝。至于数据包是被接收还是拒绝,可以由类似于源地址、目的地址、端口号等的特定指示条件来决定。

访问控制列表具有许多作用,如限制网络流量、提高网络性能和提供网络安全访问。通信流量的控制,例如访问控制列表可以限定或简化路由更新信息的长度,从而限制通过路由器某一网段的通信流量。提供网络安全访问的基本手段,在路由器端口处决定哪种类型的通信流量被转发或被阻塞。例如,用户可以允许 E-mail 通信流量被路由,拒绝所有的 Telnet 通信流量等。

6.5　拓扑构建及地址规划

1. 在模拟器中搭建拓扑

在模拟器中搭建拓扑如图 6.5 所示。

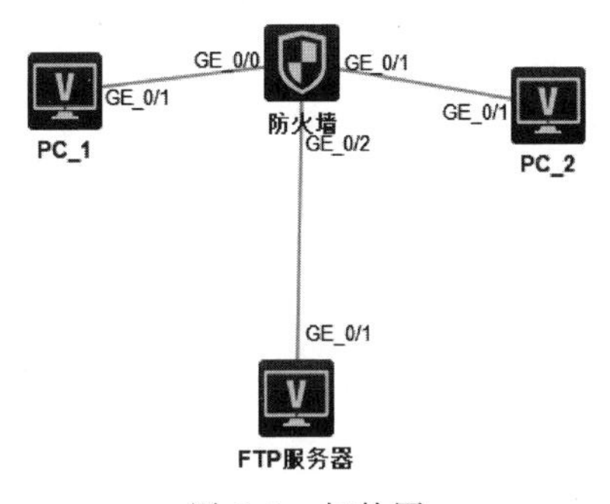

图 6.5　拓扑图

2. 各设备 IP 地址规划

IP 地址分配表如表 6.1 所示。

表 6.1　IP 地址分配表

设备名称	拓扑图接口(设备中实际接口)	IP 地址/掩码	网　关
PC_1	GE_0/1(GE0/0/1)	192.168.1.2/24	192.168.1.1

续表

设备名称	拓扑图接口(设备中实际接口)	IP 地址/掩码	网关
PC_2	GE_0/1(GE0/0/1)	20.0.0.2/16	20.0.0.1
防火墙	内口：GE_0/0(GE1/0/0)	192.168.1.1/24	—
	外口：GE_0/1(GE1/0/1)	20.0.0.1/16	—
	DMZ：GE_0/2(GE1/0/2)	192.168.2.1/24	—
FTP 服务器	GE_0/0	192.168.2.2/24	192.168.2.1/24

6.6 功能配置

1. 作防火墙的端口 IP 地址配置，并将三个端口分别分配到 trust、untrust 和 DMZ 区域

在防火墙命令窗口视图模式输入 login：admin 和 Password：admin 进入系统视图。

在系统视图下配置 IP 地址：

```
[H3C]interface  GigabitEthernet 1/0/0
[H3C - GigabitEthernet1/0/0]ip address 192.168.1.1 24

[H3C]interface  GigabitEthernet 1/0/1
[H3C - GigabitEthernet1/0/1]ip address 20.0.0.1 24

[H3C]interface GigabitEthernet 1/0/2
[H3C - GigabitEthernet1/0/2]ip address  192.168.2.1 24
```

将端口 G1/0/0 分配到 trust 区域：

```
[H3C]security - zone name Trust
[H3C - security - zone - Trust]import  interface g1/0/0
[H3C - security - zone - Trust]quit
```

将端口 G1/0/1 分配到 untrust 区域：

```
[H3C]security - zone name Untrust
[H3C - security - zone - Untrust]import  interface g1/0/1
[H3C - security - zone - Untrust]quit
```

将端口 G1/0/2 分配到 DMZ 区域：

```
[H3C]security - zone name DMZ
[H3C - security - zone - DMZ]import interface g1/0/2
[H3C - security - zone - DMZ]quit
```

2. ACL 配置

配置 ACL3000，允许所有流量通过；配置 ACL3001，允许外网地址 20.0.0.2 对内网 DMZ 区服务器进行 ping 操作；配置 ACL3002，允许外网地址 20.0.0.2 对内网 DMZ 区服务器进行 FTP 访问。

```
[H3C]acl advanced 3000
[H3C-acl-ipv4-adv-3000]rule 0 permit ip
[H3C]acl advanced 3001
[H3C-acl-ipv4-adv-3001]rule 0 permit icmp source 20.0.0.2 0 destination 20.0.0.100 0
[H3C-acl-ipv4-adv-3001]rule 5 permit icmp source 20.0.0.2 0 destination 192.168.2.2 0
[H3C-acl-ipv4-adv-3001]rule 10 deny ip
[H3C]acl advanced 3002
[H3C-acl-ipv4-adv-3002] rule 0 permit tcp destination 192.168.2.2 0 destination-port
eq ftp
//此处可用端口号代替 ftp
[H3C-acl-ipv4-adv-3002] rule 5 permit tcp  destination 20.0.0.100 0 destination-port
eq ftp
[H3C-acl-ipv4-adv-3002]rule 10 deny ip
```

3. 用户 NAT 的地址池配置

命令如下：

```
[H3C]nat address-group  1
[H3C-address-group-1]address 20.0.0.3 20.0.0.10
```

4. 在出接口上进行 NAT 转换

配置动态地址转换在接口 G1/0/1 上生效。

```
[H3C-GigabitEthernet1/0/1]nat outbound 3000 address-group 1 no-pat
```

5. 配置默认路由

命令如下：

```
[H3C]ip route-static 0.0.0.0 0.0.0.0 20.0.0.2//缺省路由指向外网地址
```

6. 对外提供 FTP 服务

命令如下：

```
[H3C]interface g1/0/1
[H3C-GigabitEthernet1/0/1]nat server global 20.0.0.100 inside 192.168.2.2
                                                    //ftp 服务器内外网地址映射
```

7. 配置各区域间的包过滤规则

命令如下：

```
zone-pair security source Trust destination DMZ
 packet-filter 3000
 #
zone-pair security source Trust destination Untrust
 packet-filter 3000
 #
zone-pair security source Untrust destination DMZ
 packet-filter 3002 //若做 ping 操作时,改为 3001 即可
 #
```

8. 为 PC1 和 PC2 设置 IP 地址和网关

PC1 和 PC2 的 IP 地址分配表如表 6.2 所示。

表 6.2 PC1 和 PC2 的 IP 地址分配表

设备名称	拓扑图接口(设备中实际接口)	IP 地址	网关
PC_1	GE_0/1(GE0/0/1)	192.168.1.2/24	192.168.1.1/24
PC_2	GE_0/1(GE0/0/1)	20.0.0.2/16	20.0.0.1/16

9. 验证配置

(1) 使用 display nat all 显示 nat 配置信息。

```
<H3C>dis nat all
NAT address group information:
  Totally 1 NAT address groups.
  Address group ID 1:
    Port range: 1-65535
    Address information:
      Start address          End address
      20.0.0.3                20.0.0.10

NAT outbound information:
  Totally 1 NAT outbound rules.
  Interface: GigabitEthernet1/0/1
    ACL: 3000
    Address group ID: 1
    Port-preserved: N          NO-PAT: Y  Reversible: N
    Config status: Active

NAT internal server information:
  Totally 1 internal servers.
  Interface: GigabitEthernet1/0/1
    Protocol: 0(IPv4)
    Global IP/port: 20.0.0.100/0
    Local IP/port : 192.168.2.2/0
    Config status : Active

NAT logging:
  Log enable: Disabled
  Flow-begin: Disabled
  Flow-end: Disabled
  Flow-active: Disabled
  Port-block-assign: Disabled
  Port-block-withdraw: Disabled
  Alarm: Disabled

NAT mapping behavior:
  Mapping mode: Address and Port-Dependent
  ACL: ---
  Config status: Active

NAT ALG:
  DNS: Enabled
```

```
    FTP: Enabled
    H323: Disabled
    ICMP-ERROR: Enabled
    ILS: Disabled
    MGCP: Disabled
    NBT: Disabled
    PPTP: Enabled
    RTSP: Enabled
    RSH: Disabled
    SCCP: Disabled
    SIP: Disabled
    SQLNET: Disabled
    TFTP: Disabled
    XDMCP: Disabled

  Static NAT load balancing: Disabled
```

(2) 使用 display nat session verbose 指令查看 NAT 状况，测试各项服务是否正确提供。

```
<H3C>dis nat session verbose
[H3C]dis nat session ver
Slot 1:
Initiator:
  Source      IP/port: 192.168.1.2/164
  Destination IP/port: 20.0.0.2/2048      //由内向外转换
  DS-Lite tunnel peer: -
  VPN instance/VLAN ID/Inline ID: -/-/-
  Protocol: ICMP(1)
  Inbound interface: GigabitEthernet1/0/0
  Source security zone: Trust
Responder:
  Source      IP/port: 20.0.0.2/164
  Destination IP/port: 20.0.0.5/0
  DS-Lite tunnel peer: -
  VPN instance/VLAN ID/Inline ID: -/-/-
  Protocol: ICMP(1)
  Inbound interface: GigabitEthernet1/0/1
  Source security zone: Untrust
State: ICMP_REPLY
Application: ICMP
Rule ID: 0
Rule name:
Start time: 2023-02-08 23:49:51  TTL: 10s
Initiator->Responder:          0 packets          0 bytes
Responder->Initiator:          0 packets          0 bytes

Initiator:
  Source      IP/port: 20.0.0.2/161
  Destination IP/port: 20.0.0.100/2048    //由外向内转换
  DS-Lite tunnel peer: -
  VPN instance/VLAN ID/Inline ID: -/-/-
  Protocol: ICMP(1)
  Inbound interface: GigabitEthernet1/0/1
```

```
    Source security zone: Untrust
  Responder:
    Source      IP/port: 192.168.2.2/161
    Destination IP/port: 20.0.0.2/0
    DS-Lite tunnel peer: -
    VPN instance/VLAN ID/Inline ID: -/-/-
    Protocol: ICMP(1)
    Inbound interface: GigabitEthernet1/0/2
    Source security zone: DMZ
  State: ICMP_REPLY
  Application: ICMP
  Rule ID: 5
  Rule name:
  Start time: 2023-02-08 23:50:01  TTL: 20s
  Initiator->Responder:          0 packets        0 bytes
  Responder->Initiator:          0 packets        0 bytes

  Total sessions found: 2
```

6.7 思考题

比较路由器上和防火墙上做ACL有何异同?

6.8 设备配置文档

操作演示视频

(1) 防火墙配置文档如下:

```
#
dis cur
#
 version 7.1.064, Alpha 7164
#
 sysname H3C
#
context Admin id 1
#
 telnet server enable
#
 irf mac-address persistent timer
 irf auto-update enable
 undo irf link-delay
 irf member 1 priority 1
#
nat address-group 1
 address 20.0.0.3 20.0.0.10
#
 xbar load-single
 password-recovery enable
```

```
 lpu-type f-series
#
vlan 1
#
interface NULL0
#
interface GigabitEthernet1/0/0
 port link-mode route
 combo enable copper
 ip address 192.168.1.1 255.255.255.0
#
interface GigabitEthernet1/0/1
 port link-mode route
 combo enable copper
 ip address 20.0.0.1 255.255.255.0
 nat outbound 3000 address-group 1 no-pat
 nat server global 20.0.0.100 inside 192.168.2.2
#
interface GigabitEthernet1/0/2
 port link-mode route
 combo enable copper
 ip address 192.168.2.1 255.255.255.0
#
interface GigabitEthernet1/0/3
 port link-mode route
 combo enable copper
#
interface GigabitEthernet1/0/4
 port link-mode route
 combo enable copper
#
interface GigabitEthernet1/0/5
 port link-mode route
 combo enable copper
#
interface GigabitEthernet1/0/6
 port link-mode route
 combo enable copper
#
interface GigabitEthernet1/0/7
 port link-mode route
 combo enable copper
#
interface GigabitEthernet1/0/8
 port link-mode route
 combo enable copper
#
interface GigabitEthernet1/0/9
 port link-mode route
 combo enable copper
#
interface GigabitEthernet1/0/10
 port link-mode route
```

```
 combo enable copper
#
interface GigabitEthernet1/0/11
 port link-mode route
 combo enable copper
#
interface GigabitEthernet1/0/12
 port link-mode route
 combo enable copper
#
interface GigabitEthernet1/0/13
 port link-mode route
 combo enable copper
#
interface GigabitEthernet1/0/14
 port link-mode route
 combo enable copper
#
interface GigabitEthernet1/0/15
 port link-mode route
 combo enable copper
#
interface GigabitEthernet1/0/16
 port link-mode route
 combo enable copper
#
interface GigabitEthernet1/0/17
 port link-mode route
 combo enable copper
#
interface GigabitEthernet1/0/18
 port link-mode route
 combo enable copper
#
interface GigabitEthernet1/0/19
 port link-mode route
 combo enable copper
#
interface GigabitEthernet1/0/20
 port link-mode route
 combo enable copper
#
interface GigabitEthernet1/0/21
 port link-mode route
 combo enable copper
#
interface GigabitEthernet1/0/22
 port link-mode route
 combo enable copper
#
interface GigabitEthernet1/0/23
 port link-mode route
 combo enable copper
```

```
#
security - zone name Local
#
security - zone name Trust
 import interface GigabitEthernet1/0/0
#
security - zone name DMZ
 import interface GigabitEthernet1/0/2
#
security - zone name Untrust
 import interface GigabitEthernet1/0/1
#
security - zone name Management
#
zone - pair security source DMZ destination Untrust
#
zone - pair security source Trust destination DMZ
 packet - filter 3000
#
zone - pair security source Trust destination Untrust
 packet - filter 3000
#
zone - pair security source Untrust destination DMZ
 packet - filter 3002
#
 scheduler logfile size 16
#
line class aux
 user - role network - operator
#
line class console
 user - role network - admin
#
line class tty
 user - role network - operator
#
line class vty
 user - role network - operator
#
line aux 0
 user - role network - admin
#
line con 0
 authentication - mode scheme
 user - role network - admin
#
line vty 0 4
 authentication - mode scheme
 user - role network - admin
#
line vty 5 63
 user - role network - operator
```

```
#
 ip route-static 0.0.0.0 0 20.0.0.2
#
acl advanced 3000
 rule 0 permit ip
#
acl advanced 3001
 rule 0 permit icmp source 20.0.0.2 0 destination 20.0.0.100 0
 rule 5 permit icmp source 20.0.0.2 0 destination 192.168.2.2 0
 rule 10 deny ip
#
acl advanced 3002
 rule 0 permit tcp destination 20.0.0.100 0 destination-port eq ftp
 rule 5 permit tcp destination192.168.2.2 0 destination-port eq ftp
 rule 10 deny ip
#
domain system
#
 aaa session-limit ftp 16
 aaa session-limit telnet 16
 aaa session-limit ssh 16
 domain default enable system
#
role name level-0
 description Predefined level-0 role
#
role name level-1
 description Predefined level-1 role
#
role name level-2
 description Predefined level-2 role
#
role name level-3
 description Predefined level-3 role
#
role name level-4
 description Predefined level-4 role
#
role name level-5
 description Predefined level-5 role
#
role name level-6
 description Predefined level-6 role
#
role name level-7
 description Predefined level-7 role
#
role name level-8
 description Predefined level-8 role
#
role name level-9
 description Predefined level-9 role
```

```
#
role name level - 10
 description Predefined level - 10 role
#
role name level - 11
 description Predefined level - 11 role
#
role name level - 12
 description Predefined level - 12 role
#
role name level - 13
 description Predefined level - 13 role
#
role name level - 14
 description Predefined level - 14 role
#
user - group system
#
local - user admin class manage
 password hash $ h $ 6 $ UbIhNnPevyKUwfpm $ LqR3 + yg1IjNct39MkOR0H0iQXLkYB3jMqM4vbAeoXOh
babIIFnjJPEGR00YiYA1Sz4LiY3FmEdru2fOLMb1shQ ==
 service - type telnet terminal http
 authorization - attribute user - role level - 3
 authorization - attribute user - role network - admin
 authorization - attribute user - role network - operator
#
 ip http enable
 ip https enable
#
return
#
```

(2) PC_1 配置,如图 6.6 所示。

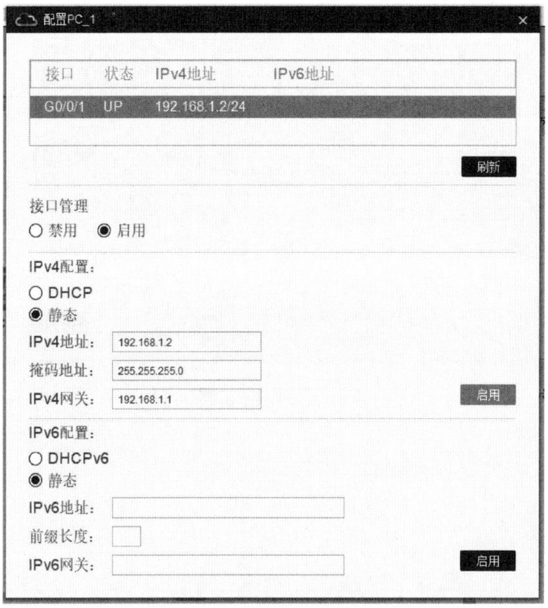

图 6.6　PC_1 配置

(3) PC_2 配置如图 6.7 所示。

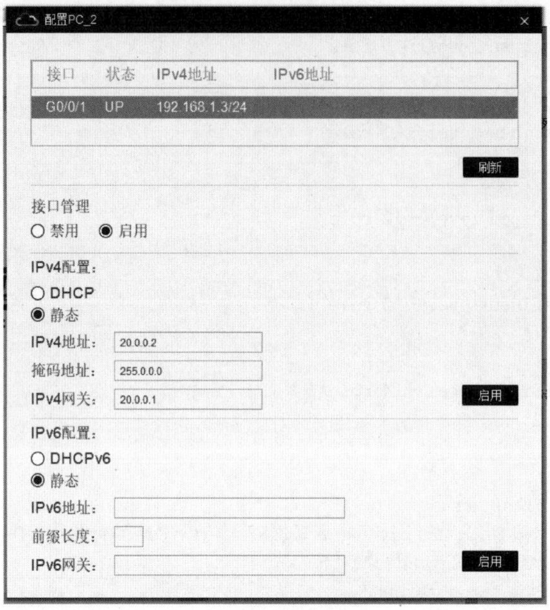

配置PC_2

接口	状态	IPv4地址	IPv6地址
G0/0/1	UP	192.168.1.3/24	

刷新

接口管理
○ 禁用 ◉ 启用

IPv4配置：
○ DHCP
◉ 静态
IPv4地址：20.0.0.2
掩码地址：255.0.0.0
IPv4网关：20.0.0.1
启用

IPv6配置：
○ DHCPv6
◉ 静态
IPv6地址：
前缀长度：
IPv6网关：
启用

图 6.7 PC_2 配置

(4) FTP 服务器配置如图 6.8 所示。

配置FTP服务器

接口	状态	IPv4地址	IPv6地址
G0/0/1	UP	192.168.2.2/24	

刷新

接口管理
○ 禁用 ◉ 启用

IPv4配置：
○ DHCP
◉ 静态
IPv4地址：192.168.2.2
掩码地址：255.255.255.0
IPv4网关：192.168.2.1
启用

IPv6配置：
○ DHCPv6
◉ 静态
IPv6地址：
前缀长度：
IPv6网关：
启用

图 6.8 FTP 服务器配置

防火墙高级配置1

7.1 案例目的

通过该案例的学习，掌握防火墙利用 ASPF 实现单向访问和常见攻击检测及防范的典型配置以实现对网络通信流量进行过滤、控制和对常见攻击的防范。

7.2 案例引言

应用层报文过滤(Application Specific Packet Filter，ASPF)是针对应用层的包过滤，即基于状态检测的报文过滤，也称为状态防火墙。它维护每一个连接的状态，并且检查应用层协议的数据，以此决定数据包是否被允许通过。它和普通的静态防火墙协同工作，以便实施内部网络的安全策略。ASPF 能够检测试图通过防火墙的应用层协议会话信息，阻止不符合规则的数据报文穿过。

为保护网络安全，基于 ACL 规则的包过滤可以在网络层和传输层检测数据包，防止非法入侵。ASPF 能够检测应用层协议的信息，并对应用的流量进行监控。

ASPF 还提供以下功能：

(1) DoS(Denial of Service，拒绝服务)的检测和防范。

(2) Java Blocking(Java 阻断)保护网络不受有害 Java Applets 的破坏。

(3) Activex Blocking(Activex 阻断)保护网络不受有害 Activex 的破坏。

(4) 支持端口到应用的映射，为基于应用层协议的服务指定非通用端口。

(5) 增强的会话日志功能。可以对所有的连接进行记录，包括连接时间、源地址、目的地址、使用端口和传输字节数等信息。

(6) ASPF 对应用层的协议信息进行检测，通过维护会话的状态和检查会话报文的协议和端口号等信息，阻止恶意的入侵。

(7) ASPF 能对如下协议的流量进行监测：FTP、H. 323、HTTP、HWCC、MSN、NETBIOS、PPTP、QQ、RTSP、User-define。

攻击检测及防范是一个重要的网络安全特性，它通过分析经过设备的报文的内容和行为，判断报文是否具有攻击特征，并根据配置对具有攻击特征的报文执行一定的防范措施，例如输出告警日志、丢弃报文、加入黑名单或客户端验证列表。

本特性能够检测单包攻击、扫描攻击和泛洪攻击等多种类型的网络攻击，并能对各类型攻击采取合理的防范措施。

7.2.1 ASPF 基本概念

1. 单通道协议和多通道协议

ASPF 将应用层协议划分为单通道协议和多通道协议。

(1) 单通道协议：完成一次应用的全过程中，只有一个连接参与数据交互，如 SMTP、HTTP。

(2) 多通道协议：完成一次应用的全过程中，需要多个连接配合，即控制信息的交互和数据的传送需要通过不同的连接完成，如 FTP。

2. 内部接口和外部接口

如果设备连接了内部网络和外部网络，并且要通过部署 ASPF 来保护内部网络中的主机和服务器，则设备上与内部网络连接的接口称为内部接口，与外部网络相连的接口称为外部接口。

若需要保护内部网络，则可以将 ASPF 应用于设备外部接口的出方向或者应用于设备内部接口的入方向。

3. 安全域间实例

安全域间实例用于指定 ASPF 需要检测的业务流的源安全域和目的安全域，它们分别描述了经过网络设备的业务流的首个数据包要进入的安全域和要离开的安全域。

7.2.2 ASPF 检测原理

1. 应用层协议检测基本原理

如图 7.1 所示，为了保护内部网络，可以在边界设备上配置访问控制列表，以允许内部网络的主机访问外部网络，同时拒绝外部网络的主机访问内部网络。但是访问控制列表会将用户发起连接后返回的报文过滤掉，导致连接无法正常建立。利用 ASPF 的应用层协议检测可以解决此问题。

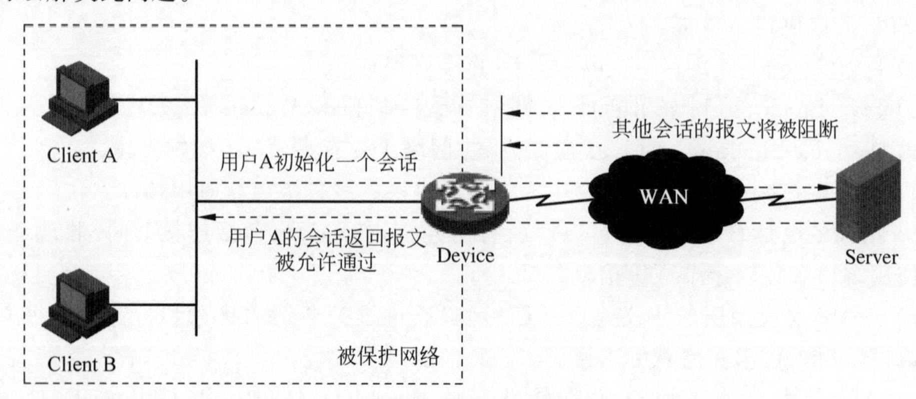

图 7.1 应用层协议检测基本原理示意图

当在设备上配置了应用层协议检测后，ASPF 可以检测每一个应用层的连接，具体检测原理如下：

对于单通道协议，ASPF 在检测到第一个向外发送的报文时创建一个会话表项。该会话表项中记录了对应的正向报文信息和反向报文信息，用于维护会话状态并检测会话状态的转换是否正确。匹配某条会话表项的所有报文都将免于接受静态包过滤策略的检查。

对于多通道协议，ASPF 除了创建会话表项之外，还会根据协议的协商情况，创建一个或多个关联表项，用于关联属于同一个应用业务的不同会话。关联表项在多通道协议协商的过程中创建，在多通道协议协商完成后删除。关联表项主要用于匹配会话首报文，使已通过协商的会话报文可免于接受静态包过滤策略的检查。

单通道应用层协议（如 HTTP）的检测过程比较简单，当发起连接时建立会话表项，连接删除时随之删除会话表项即可。下面以 FTP 检测为例说明多通道应用层协议检测的过程。

如图 7.2 所示，FTP 连接的建立过程如下：假设 FTP Client 以 1333 端口向 FTP Server 的 21 端口发起 FTP 控制通道的连接，通过协商决定在 FTP Server 的 20 端口与 FTP Client 的 1600 端口之间建立数据通道，并由 FTP Server 发起数据连接，数据传输超时或结束后数据通道删除。

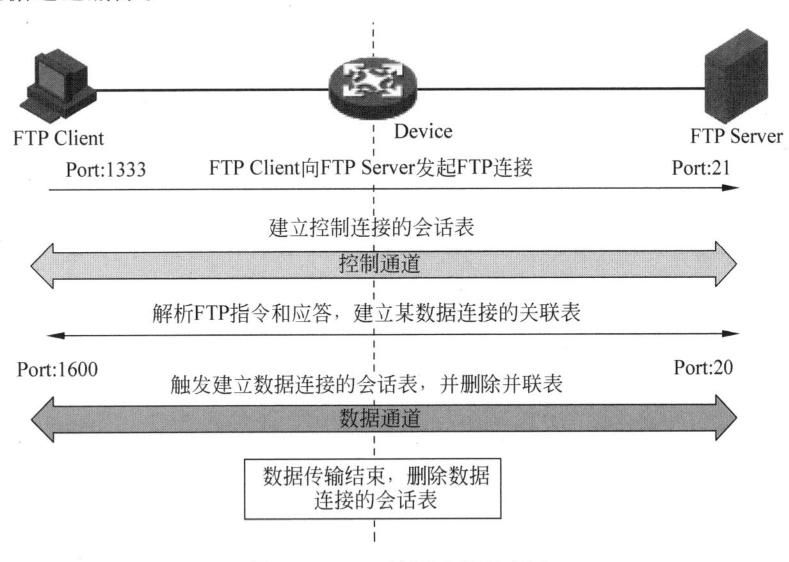

图 7.2　FTP 检测过程示意图

FTP 检测在 FTP 连接建立到拆除过程中的处理如下：

(1) 检查 FTP Client 向 FTP Server 发送的 IP 报文，确认为基于 TCP 的 FTP 报文。检查端口号，确认该连接为 FTP Client 与 FTP Server 之间的控制连接，建立会话表项。

(2) 检查 FTP 控制连接报文，根据会话表项进行 TCP 状态检测。解析 FTP 指令，如果包含数据通道建立指令，则创建关联表项描述对应数据连接的特征。

(3) 对于返回的 FTP 控制连接报文，根据会话表项进行 TCP 状态检测，检测结果决定是否允许报文通过。

(4) FTP 数据连接报文通过设备时，将会触发建立数据连接的会话表项，并删除所匹配的关联表项。

(5) 对于返回的FTP数据连接报文，则通过匹配数据连接的会话表项进行TCP状态检测，检查结果决定是否允许报文通过。

(6) 数据连接结束时，数据连接的会话表项将被删除。FTP连接删除时，控制连接的会话表项也会被删除。

2. 传输层协议检测基本原理

传输层协议检测是指通用TCP/UDP检测。通用TCP/UDP检测也是通过建立会话表项记录报文的传输层信息，如源地址、目的地址及端口号等，达到动态放行报文的目的。

通用TCP/UDP检测要求返回到ASPF外部接口的报文要与之前从ASPF外部接口发出去的报文完全匹配，即源地址、目的地址及端口号完全对应，否则返回的报文将被丢弃。因此对于FTP这样的多通道应用层协议，在不配置应用层检测而直接配置TCP检测的情况下会导致数据连接无法建立。

7.2.3 攻击检测及防范的类型

1. 单包攻击

单包攻击也称为畸形报文攻击，主要包括以下三种类型：

(1) 攻击者通过向目标系统发送带有攻击目的的IP报文，如分片重叠的IP报文、TCP标志位非法的报文，使目标系统在处理这样的IP报文时出错、崩溃。

(2) 攻击者可以通过发送正常的报文，如ICMP报文、特殊类型的IP option报文，来干扰正常网络连接或探测网络结构，给目标系统带来损失。

(3) 攻击者还可通过发送大量无用报文占用网络带宽，造成拒绝服务攻击。

设备可以对表7.1中所列的各单包攻击行为进行有效防范。

表7.1 单包攻击类型及说明列表

单包攻击类型	说明
ICMP redirect	攻击者向用户发送ICMP重定向报文，更改用户主机的路由表，干扰用户主机正常的IP报文转发
ICMP unreachable	某些系统在收到不可达的ICMP报文后，对于后续发往此目的地的报文判断为不可达并切断对应的网络连接。攻击者通过发送ICMP不可达报文，达到切断目标主机网络连接的目的
ICMP type	ICMP报文中，type值表示不同含义的报文，接收者需要根据不同的类型进行响应，攻击者通过构造特定type类型的ICMP报文来达到影响系统正常处理报文等目的
ICMPv6 type	ICMPv6报文中，type值表示不同含义的报文，接收者需要根据不同的类型进行响应，攻击者通过构造特定type类型的ICMPv6报文来达到影响系统正常处理报文等目的
Land	攻击者向目标主机发送大量源IP地址和目的IP地址都是目标主机自身的TCP SYN报文，使得目标主机的半连接资源耗尽，最终不能正常工作
Large ICMP	某些主机或设备收到超大的报文，会引起内存分配错误而导致协议栈崩溃。攻击者通过发送超大ICMP报文，让目标主机崩溃，达到攻击目的
Large ICMPv6	某些主机或设备收到超大的报文，会引起内存分配错误而导致协议栈崩溃。攻击者通过发送超大ICMPv6报文，让目标主机崩溃，达到攻击目的

续表

单包攻击类型	说　明
IP option	攻击者利用IP选项的设置，达到探测网络结构的目的，也可由于系统缺乏对错误报文的处理而造成系统崩溃
Fragment	攻击者通过向目标主机发送分片偏移小于5的分片报文，导致主机对分片报文进行重组时发生错误而造成系统崩溃
Impossible	攻击者通过向目标主机发送源IP地址和目的IP地址相同的报文，造成主机系统处理异常
Tiny fragment	攻击者构造一种特殊的IP分片来进行微小分片的攻击，这种报文首片很小，未能包含完整的传输层信息，因此能够绕过某些包过滤防火墙的过滤规则，达到攻击目标网络的目的
Smurf	攻击者向目标网络发送ICMP应答请求，该请求包的目的地址设置为目标网络的广播地址，这样该网络中的所有主机都会对此ICMP应答请求作出答复，导致网络阻塞，从而达到令目标网络中主机拒绝服务的攻击目的
TCP Flag	不同操作系统对于非常规的TCP标志位有不同的处理。攻击者通过发送带有非常规TCP标志的报文探测目标主机的操作系统类型，若操作系统对这类报文处理不当，攻击者便可达到使目标主机系统崩溃的目的
Traceroute	攻击者连续发送TTL从1开始递增的目的端口号较大的UDP报文，报文每经过一个路由器，其TTL都会减1，当报文的TTL为0时，路由器会给报文的源IP设备发送一个TTL超时的ICMP报文，攻击者借此来探测网络的拓扑结构
Winnuke	攻击者向安装（或使用）Windows系统的特定目标的NetBIOS端口(139)发送OOB(Out-Of-Band，带外)数据包，这些攻击报文的指针字段与实际的位置不符，从而引起一个NetBIOS片断重叠，致使已与其他主机建立连接的目标主机在处理这些数据时系统崩溃
UDP Bomb	攻击者发送畸形的UDP报文，其IP首部中的报文总长度大于IP首部长度与UDP首部中标识的UDP报文长度之和，可能造成收到此报文的系统处理数据时越界访问非法内存，导致系统异常
UDP Snork	攻击者向Windows系统发送目的端口为135(Windows定位服务)源端口为135、7或19(UDP Chargen服务)的报文，使被攻击系统不断应答报文，最终耗尽CPU资源
UDP Fraggle	攻击者通过向目标网络发送源UDP端口为7且目的UDP端口为19的Chargen报文，令网络产生大量无用的应答报文，占满网络带宽，达到攻击目的
IP option abnormal	攻击者可以通过构造包含异常格式IP选项的报文对目标主机进行攻击，目标主机在解析报文时耗费大量资源，从而影响转发性能
Teardrop	攻击者通过发送大量分片重叠的报文，致使服务器对这些报文进行重组时造成重叠，因而丢失有效的数据
Ping of death	攻击者构造标志位为最后一片且长度大于65535的ICMP报文发送给目标主机，可能导致系统处理数据时越界访问非法内存，造成系统错误甚至系统崩溃
IPv6-ext-header	IPv6报文中，用扩展头来对报文进行有效扩展。接收者需要根据不同的扩展头进行响应，攻击者通过构造特定扩展头的IPv6报文来达到影响系统正常处理报文等目的

2. 扫描攻击

扫描攻击是指攻击者运用扫描工具对网络进行主机地址或端口的扫描，通过准确定位潜在目标的位置，探测目标系统的网络拓扑结构和开放的服务端口，为进一步侵入目标系统做准备。

1）IP Sweep 攻击

攻击者发送大量目的 IP 地址变化的探测报文，通过收到的回应报文来确定活跃的目标主机，以便针对这些主机进行下一步的攻击。

2）Port scan 攻击

攻击者获取活动目标主机的 IP 地址后，向目标主机发送大量目的端口变化的探测报文，通过收到的回应报文来确定目标主机开放的服务端口，然后针对活动目标主机开放的服务端口选择合适的攻击方式或攻击工具进行进一步的攻击。

3）分布式 Port scan 攻击

攻击者控制多台主机，分别向特定目标主机发送探测报文，通过收集所有被控制的主机的回应报文，确定目标主机开启的服务端口，以便进一步实施攻击。

3. 泛洪攻击

泛洪攻击是指攻击者在短时间内向目标系统发送大量的虚假请求，导致目标系统疲于应付无用信息，从而无法为合法用户提供正常服务，即发生拒绝服务。

设备支持对以下几种泛洪攻击进行有效防范。

1）SYN flood 攻击

根据 TCP 协议，服务器收到 SYN 报文后需要建立半连接并回应 SYN ACK 报文，然后等待客户端的 ACK 报文来建立正式连接。由于资源的限制，操作系统的 TCP/IP 协议栈只能允许有限个 TCP 连接。攻击者向服务器发送大量伪造源地址的 SYN 报文后，由于攻击报文是伪造的，服务器不会收到客户端的 ACK 报文，从而导致服务器上遗留了大量无效的半连接，耗尽其系统资源，使正常的用户无法访问，直到半连接超时。

2）ACK flood 攻击

ACK 报文为只有 ACK 标志位置位的 TCP 报文，服务器收到 ACK 报文时，需要查找对应的连接。若攻击者发送大量这样的报文，服务器需要进行大量的查询工作，消耗正常处理的系统资源，影响正常的报文处理。

3）SYN-ACK flood 攻击

由于 SYN ACK 报文为 SYN 报文的后续报文，服务器收到 SYN ACK 报文时，需要查找对应的 SYN 报文。若攻击者发送大量这样的报文，服务器需要进行大量的查询工作，消耗正常处理的系统资源，影响正常的报文处理。

4）FIN flood 攻击

FIN 报文用于关闭 TCP 连接。若攻击者向服务器发送大量的伪造的 FIN 报文，可能会使服务器关闭掉正常的连接。同时，服务器收到 FIN 报文时，需要查找对应的连接，大量的无效查询操作会消耗系统资源，影响正常的报文处理。

5）RST flood 攻击

RST 报文为 TCP 连接的复位报文，用于在异常情况下关闭 TCP 连接。如果攻击者向服务器发送大量伪造的 RST 报文，可能会使服务器关闭正常的 TCP 连接。另外，服务器收到 RST 报文时，需要查找对应的连接，大量的无效查询操作会消耗系统资源，影响正常的报文处理。

6）DNS flood 攻击

DNS 服务器收到任何 DNS Query 报文时都会试图进行域名解析并且回复该 DNS 报文。攻击者通过构造并向 DNS 服务器发送大量虚假 DNS Query 报文，占用 DNS 服务器的带宽或计算资源，使得正常的 DNS Query 得不到处理。

7）HTTP flood 攻击

HTTP 服务器收到 HTTP GET 命令时可能进行一系列复杂的操作，包括字符串搜索、数据库遍历、数据组装、格式化转换等，这些操作会消耗大量系统资源，因此当 HTTP 请求的速率超过了服务器的处理能力时，服务器就无法正常提供服务。攻击者通过构造并发送大量虚假 HTTP GET 请求，使服务器崩溃，无法响应正常的用户请求。

8）ICMP flood 攻击

ICMP flood 攻击是一种 DDoS(Distributed Denial of Service，分布式拒绝服务)攻击，通过向目标主机发送大量 ICMP 请求包，使目标主机的资源被耗尽，从而无法提供服务或导致网络阻塞。

9）ICMPv6 flood 攻击

ICMPv6 flood 攻击是一种 DDoS 攻击，攻击者在短时间内向特定目标发送大量的 ICMPv6 请求报文(例如 ping 报文)，使特定目标忙于回复这些请求，致使目标系统负担过重而不能处理正常的业务。

10）UDP flood 攻击

UDP flood 攻击是指攻击者在短时间内向特定目标发送大量的 UDP 报文，占用目标主机的带宽，致使目标主机不能处理正常的业务。

4. Login 用户 DoS 攻击

DoS(Denial of Service，拒绝服务)攻击的目的是使被攻击对象无法提供正常的网络服务。Login 用户 DoS 攻击是指，攻击者通过伪造登录账户在短时间内向设备连续发起大量登录请求，占用系统认证处理资源，造成设备无法处理正常 Login 用户的登录请求。

为防范这类攻击，可以在设备上配置 Login 用户攻击防范功能，对发起恶意认证并多次尝试失败的用户报文进行丢弃。

5. Login 用户字典序攻击

字典序攻击是指攻击者通过收集用户密码可能包含的字符，使用各种密码组合逐一尝试登录设备，以达到猜测合法用户密码的目的。为防范这类攻击，可以在设备上配置 Login 用户延时认证功能，在用户认证失败之后，延时期间不接受此用户的登录请求。

7.3　步骤说明

在进行防火墙广域网协议配置时，其详细步骤如下(以 HCL 模拟器中操作为例)：

(1) 在模拟器中搭建拓扑。

(2) 设备 IP 地址规划。

(3) Web 方式登录防火墙。

(4) 进入 GUI 界面查看相关配置。

(5) 配置防火墙的端口 IP 地址。

(6) 通过 ASPF 实现单向访问的典型配置,实现内部网络中的本地用户需要访问外部网络提供的应用(例如 FTP)服务。要求配置 ASPF 策略,检测通过 Device 的流量。如果该报文是内部网络用户发起的应用(例如 FTP)连接的返回报文,则允许其通过 Device 进入内部网络,其他外部主动访问内部网络的报文被禁止。

(7) 在安全域上配置攻击检测及防范:防范外部网络对内部网络主机的 Smurf 攻击和扫描攻击、防范外部网络对内部服务器的 SYN flood 攻击。

上述 7 个步骤的详细配置方法和过程以及测试验证,参见 7.5 节~7.8 节的内容。

7.4 应用效果

ASPF 能够检测试图通过防火墙的应用层协议会话信息,阻止不符合规则的数据报文穿过。ASPF 和包过滤防火墙协同工作,包过滤防火墙负责按照 ACL 规则进行报文过滤(阻断或放行),ASPF 负责对已放行报文进行信息记录,使已放行的报文的回应报文可以正常通过配置了包过滤防火墙的接口。因此,ASPF 能够为企业内部网络提供更全面的、更符合实际需求的安全策略。

攻击检测及防范是一个重要的网络安全特性,它通过分析经过设备的报文的内容和行为,判断报文是否具有攻击特征,并根据配置对具有攻击特征的报文执行一定的防范措施,例如输出告警日志、丢弃报文、加入黑名单或客户端验证列表。本特性能够检测单包攻击、扫描攻击和泛洪攻击等多种类型的网络攻击,并能对各类型攻击采取合理的防范措施。

7.5 拓扑构建及地址规划

1. 在模拟器中搭建拓扑

在模拟器中搭建拓扑如图 7.3 所示。

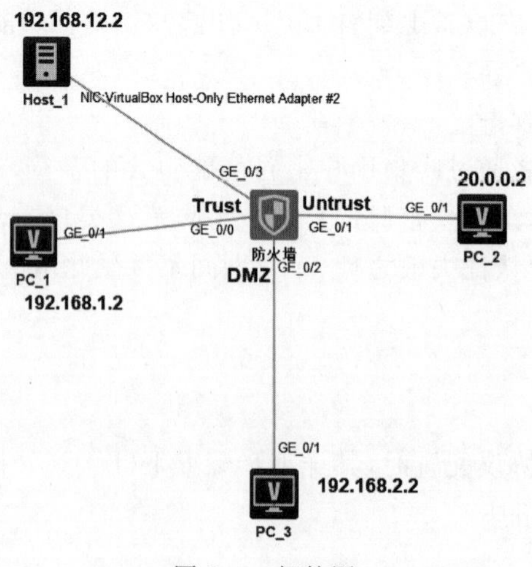

图 7.3 拓扑图

2. 各设备 IP 地址规划

IP 地址分配表如表 7.2 所示。

表 7.2　IP 地址分配表

设 备 名 称	拓扑图接口(设备中实际接口)	IP 地址/掩码	网　关
PC_1	GE_0/1(GE0/0/1)	192.168.1.2/24	192.168.1.1
PC_2(公网 FTP 服务器)	GE_0/1(GE0/0/1)	20.0.0.2/24	20.0.0.1
Host_1	宿主机虚拟网卡	192.168.12.2/24	192.168.12.1
防火墙	内口(Trust):GE_0/0(GE1/0/0)	192.168.1.1/24	—
	管理口(Management):GE_0/3(GE1/0/3)	192.168.12.1/24	
	外口(Untrust):GE_0/1(GE1/0/1)	20.0.0.1/24	—
	DMZ:GE_0/2(GE1/0/2)	192.168.2.1/24	—
内网 Web 服务器	GE_0/0	192.168.2.2/24	192.168.2.1

7.6　功能配置

第一步,配置 Web 网管用户。

第二步,通过 ASPF 实现单向访问的典型配置,实现内部网络中的本地用户需要访问外部网络提供的应用(例如 FTP)服务。要求配置 ASPF 策略,检测通过 Device 的流量。如果该报文是内部网络用户发起的应用(例如 FTP)连接的返回报文,则允许其通过 Device 进入内部网络,其他外部主动访问内部网络的报文被禁止。

第三步,攻击检测及防范典型配置:防范外部网络对内部网络主机的 Smurf 攻击和扫描攻击、防范外部网络对内部服务器的 SYN flood 攻击。

具体实施步骤如下。

1. 配置 Web 网管的用户

Comware V5 防火墙中存在区域优先级的概念,以及默认区域互访策略,即高优先级安全区域可以访问低优先级,低优先级区域不能访问高优先级区域,相同优先级区域可以互访,所有区域都可以访问 local 区域。

出于安全性的考虑,Comware V7 摒弃了 V5 中区域优先级的概念以及默认域间策略。默认情况下,所有接口不属于任何安全域;区域之间默认无法互访。若要通过 HTTP 或 HTTPS 方式配置防火墙,需要在命令行下进行相关配置,下面介绍如何在 HCL 中通过 Web 方式配置防火墙。

1) 配置 Host_1 地址

打开物理机的网络连接,将 VirtualBox Host-Only Network 网卡地址配置为 192.168.12.2/24,如图 7.4 所示。

2) 将 G1/0/3 接口划入 Management 区域

命令如下:

```
[H3C]security - zone name management
[H3C - security - zone - Management]import interface GigabitEthernet 1/0/3
```

3) 创建 ACL 允许管理流量通过

为了简化配置,在此允许所有 IP 流量通过。

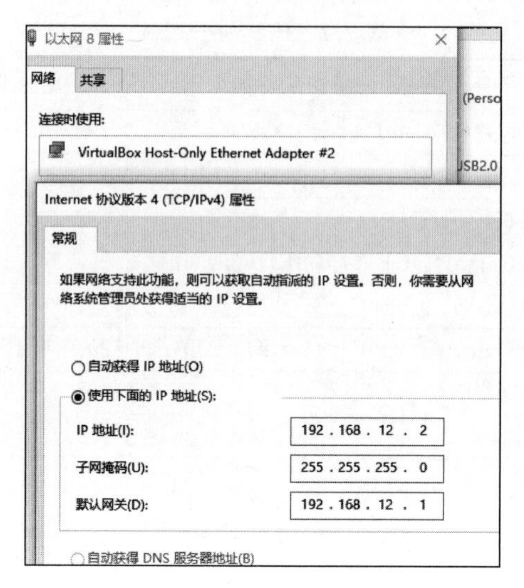

图 7.4 Network 网卡地址配置

命令如下：

```
[H3C]acl advanced 3000
[H3C-acl-ipv4-adv-3000]rule permit ip
```

4）创建域间策略

命令如下：

```
Management 到 local 策略:
[H3C]zone-pair security source management destination local
[H3C-zone-pair-security-Management-Local]packet-filter 3000
local 到 management 策略:
[H3C]zone-pair security source local destination management
[H3C-zone-pair-security-Management-Local]packet-filter 3000
```

5）弹出登录界面后输入缺省用户名和密码 admin/admin 登录防火墙

防火墙 Web 登录界面如图 7.5 所示。

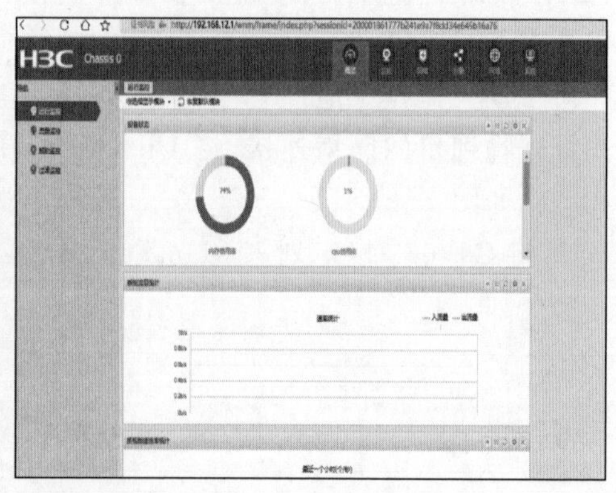

图 7.5 防火墙 Web 登录界面

命令如下：

```
admin用户增加https服务类型
[FW]local - user admin class manage
[FW - luser - manage - admin]service - type https
```

2. 内容2的配置关键步骤

1）配置ACL 3500

定义规则：允许内部IP流量访问外部网络(如果只允许某种应用的报文通过,可以配置更细化的rule)。

命令如下：

```
[H3C]acl advanced  3500
[H3C - acl - ipv4 - adv - 3500]rule permit ip
[H3C - acl - ipv4 - adv - 3500]quit
```

2）向安全域Trust中添加三层接口GigabitEthernet1/0/0

命令如下：

```
[H3C]security - zone  name Trust
[H3C - security - zone - Trust]import  interface GigabitEthernet 1/0/0
[H3C - security - zone - Trust]quit
```

3）向安全域Untrust中添加三层接口GigabitEthernet1/0/1

命令如下：

```
[H3C]security - zone name Untrust
[H3C - security - zone - Untrust]import interface g 1/0/1
[H3C - security - zone - Untrust]quit
```

4）配置ASPF策略

命令如下：

```
[H3C]aspf policy 1
```

5）对FTP协议进行检测

命令如下：

```
[H3C - aspf - policy - 1]detect  ftp
```

6）在安全域间实例上应用包过滤策略

放行内部IP流量访问外部网络。

命令如下：

```
[H3C]zone - pair security source trust destination untrust
[H3C - zone - pair - security - Trust - Untrust] packet - filter 3500
```

7）在安全域间实例上应用 ASPF 策略

ASPF 会为内部网络和外部网络之间的符合包过滤策略的连接创建会话表项，并允许匹配该表项的外部网络返回报文进入内部网络。

命令如下：

```
[H3C - zone - pair - security - Trust - Untrust] aspf apply policy 1
[H3C - zone - pair - security - Trust - Untrust] quit
```

3. 内容 3 的配置关键步骤

1）向安全域 Trust 中添加接口 GigabitEthernet1/0/0

命令如下：

```
[H3C] security - zone name trust
[Device - security - zone - Trust] import interface gigabitethernet 1/0/0
[Device - security - zone - Trust] quit
```

2）向安全域 Untrust 中添加接口 GigabitEthernet1/0/1

命令如下：

```
[H3C] security - zone name untrust
[H3C - security - zone - Unrust] import interface gigabitethernet 1/0/1
[H3C - security - zone - Untrust] quit
```

3）向安全域 DMZ 中添加接口 GigabitEthernet1/0/2

命令如下：

```
[H3C] security - zone name dmz
[H3C - security - zone - DMZ] import interface gigabitethernet 1/0/2
[H3C - security - zone - DMZ] quit
```

4）创建源安全域 Trust 到目的安全域 Untrust 的安全域间实例

命令如下：

```
[H3C] zone - pair security source trust destination untrust
# 在域间实例上应用安全策略,保证 Trust 和 Untrust 之间的业务报文可正常转发(可根据实际业务需求配置)
```

5）开启全局黑名单过滤功能

命令如下：

```
[H3C] blacklist global enable
```

6）创建攻击防范策略 a1

命令如下：

```
[H3C] attack - defense policy a1
```

7）开启 Smurf 单包攻击报文的特征检测

命令如下：

```
[H3C-attack-defense-policy-a1]signature detect smurf action logging
#配置处理行为为输出告警日志
[H3C-attack-defense-policy-a1]scan detect level low action logging block-source timeout 10
# 开启低防范级别的扫描攻击防范,配置处理行为输出告警日志以及阻断并将攻击者的源 IP 地址加入黑名单表项(老化时间为 10 分钟)
[H3C-attack-defense-policy-a1] syn-flood detect ip 192.168.2.2 threshold 5000 action logging drop
# 为保护 IP 地址为 192.168.2.2 的内部服务器,配置针对 IP 地址 192.168.2.2 的 SYN flood 攻击防范参数,触发阈值为 5000,处理行为输出告警日志并丢弃攻击报文
```

8）在安全域 Untrust 上应用攻击防范策略 a1

命令如下：

```
[H3C]security-zone name untrust
[H3C-security-zone-Untrust] attack-defense apply policy a1
[H3C-security-zone-Untrust] quit
```

9）验证配置

完成以上配置后，可以通过 display attack-defense policy 命令查看配置的攻击防范策略 a1 的具体内容。如果安全域 Untrust 上收到 Smurf 攻击报文，设备输出告警日志；如果安全域 Untrust 上收到扫描攻击报文，设备会输出告警日志，并将攻击者的 IP 地址加入黑名单；如果安全域 Untrust 上收到的 SYN flood 攻击报文超过触发阈值，则设备会输出告警日志，并将受到攻击的主机地址添加到 TCP 客户端验证的受保护 IP 列表中，同时丢弃攻击报文。

之后，可以通过 display attack-defense statistics security-zone 命令查看各安全域上攻击防范的统计信息。

命令如下：

```
[H3C]dis attack-defense policy a1
Attack-defense Policy Information
--------------------------------------------------------
Policy name                          : a1
Applied list                         : Untrust
--------------------------------------------------------
Exempt IPv4 ACL                      : Not configured
Exempt IPv6 ACL                      : Not configured
--------------------------------------------------------
Actions: CV-Client verify  BS-Block source  L-Logging  D-Drop  N-None

Signature attack defense configuration:
Signature name                       Defense     Level          Actions
Fragment                             Disabled    low            L
Impossible                           Disabled    medium         L,D
Teardrop                             Disabled    medium         L,D
```

```
Tiny fragment                           Disabled     low          L
IP option abnormal                      Disabled     medium       L,D
Smurf                                   Enabled      medium       L
Traceroute                              Disabled     low          L
Ping of death                           Disabled     medium       L,D
Large ICMP                              Disabled     info         L
Max length                              4000 bytes
Large ICMPv6                            Disabled     info         L
Max length                              4000 bytes
TCP invalid flags                       Disabled     medium       L,D
TCP null flag                           Disabled     medium       L,D
TCP all flags                           Disabled     medium       L,D
TCP SYN-FIN flags                       Disabled     medium       L,D
TCP FIN only flag                       Disabled     medium       L,D
TCP Land                                Disabled     medium       L,D
Winnuke                                 Disabled     medium       L,D
UDP Bomb                                Disabled     medium       L,D
UDP Snork                               Disabled     medium       L,D
UDP Fraggle                             Disabled     medium       L,D
IP option record route                  Disabled     info         L
IP option internet timestamp            Disabled     info         L
IP option security                      Disabled     info         L
IP option loose source routing          Disabled     info         L
IP option stream ID                     Disabled     info         L
IP option strict source routing         Disabled     info         L
IP option route alert                   Disabled     info         L
ICMP echo request                       Disabled     info         L
ICMP echo reply                         Disabled     info         L
ICMP source quench                      Disabled     info         L
ICMP destination unreachable            Disabled     info         L
ICMP redirect                           Disabled     info         L
ICMP time exceeded                      Disabled     info         L
ICMP parameter problem                  Disabled     info         L
ICMP timestamp request                  Disabled     info         L
ICMP timestamp reply                    Disabled     info         L
ICMP information request                Disabled     info         L
ICMP information reply                  Disabled     info         L
ICMP address mask request               Disabled     info         L
ICMP address mask reply                 Disabled     info         L
ICMPv6 echo request                     Disabled     info         L
ICMPv6 echo reply                       Disabled     info         L
ICMPv6 group membership query           Disabled     info         L
ICMPv6 group membership report          Disabled     info         L
ICMPv6 group membership reduction       Disabled     info         L
ICMPv6 destination unreachable          Disabled     info         L
ICMPv6 time exceeded                    Disabled     info         L
ICMPv6 parameter problem                Disabled     info         L
ICMPv6 packet too big                   Disabled     info         L

Scan attack defense configuration:
Preset defense:
Defense: Enabled
Level    : low
```

```
Actions : L,BS(10)

Flood attack defense configuration:
Flood type      Global thres(pps)  Global actions  Service ports  Non-specific
SYN flood       1000               -               -                   Disabled
ACK flood       1000               -               -                   Disabled
SYN-ACK flood    1000              -               -                   Disabled
RST flood       1000               -               -                   Disabled
FIN flood       1000               -               -                   Disabled
UDP flood       1000               -               -                   Disabled
ICMP flood      1000               -               -                   Disabled
ICMPv6 flood    1000               -               -                   Disabled
DNS flood       1000               -               53                  Disabled
HTTP flood      1000               -               80                  Disabled
Flood attack defense for protected IP addresses:
Address                 VPN instance Flood type    Thres(pps)  Actions  Ports
192.168.2.2                 --       SYN-FLOOD     5000        L,D      -
```

查看安全域 Untrust 上攻击防范的统计信息。

```
[H3C]display attack-defense statistics security-zone untrust
 Attack policy name: a1
Slot 1:
Scan attack defense statistics:
 AttackType                          AttackTimes Dropped
 No scanning attacks detected.
Flood attack defense statistics:
 AttackType                          AttackTimes Dropped
 No flood attacks detected.
Signature attack defense statistics:
 AttackType                          AttackTimes Dropped
 No signature attacks detected.

若有扫描攻击发生,还可以通过 display blacklist 命令查看由扫描攻击防范自动添加的黑名单信息。
# 查看由扫描攻击防范自动添加的黑名单信息
[H3C] display blacklist ip
Slot 1:
IP address        VPN instance   DS-Lite tunnel peer   Type      TTL(sec) Dropped
```

7.7 思考题

在防火墙上做 ASPF 策略配置和包过滤(packet-filter)配置,有何异同?

7.8 设备配置文档

(1) 防火墙配置文档如下:

```
[H3C]dis cur
#
 version 7.1.064, Alpha 7164
```

```
#
 sysname H3C
#
context Admin id 1
#
 telnet server enable
#
 irf mac - address persistent timer
 irf auto - update enable
 undo irf link - delay
 irf member 1 priority 1
#
aspf policy 1
 detect ftp action drop
 detect http action drop
#
 xbar load - single
 password - recovery enable
 lpu - type f - series
#
vlan 1
#
interface NULL0
#
interface Vlan - interface1
#
interface GigabitEthernet1/0/0
 port link - mode route
 combo enable copper
 ip address 192.168.1.1 255.255.255.0
#
interface GigabitEthernet1/0/1
 port link - mode route
 combo enable copper
 ip address 20.0.0.1 255.255.255.252
#
interface GigabitEthernet1/0/2
 port link - mode route
 combo enable copper
 ip address 192.168.2.1 255.255.255.0
#
interface GigabitEthernet1/0/3
 port link - mode route
 combo enable copper
 ip address 192.168.12.1 255.255.255.0
#
interface GigabitEthernet1/0/4
 port link - mode route
 combo enable copper
#
interface GigabitEthernet1/0/5
 port link - mode route
 combo enable copper
```

```
#
interface GigabitEthernet1/0/6
 port link-mode route
 combo enable copper
#
interface GigabitEthernet1/0/7
 port link-mode route
 combo enable copper
#
interface GigabitEthernet1/0/8
 port link-mode route
 combo enable copper
#
interface GigabitEthernet1/0/9
 port link-mode route
 combo enable copper
#
interface GigabitEthernet1/0/10
 port link-mode route
 combo enable copper
#
interface GigabitEthernet1/0/11
 port link-mode route
 combo enable copper
#
interface GigabitEthernet1/0/12
 port link-mode route
 combo enable copper
#
interface GigabitEthernet1/0/13
 port link-mode route
 combo enable copper
#
interface GigabitEthernet1/0/14
 port link-mode route
 combo enable copper
#
interface GigabitEthernet1/0/15
 port link-mode route
 combo enable copper
#
interface GigabitEthernet1/0/16
 port link-mode route
 combo enable copper
#
interface GigabitEthernet1/0/17
 port link-mode route
 combo enable copper
#
interface GigabitEthernet1/0/18
 port link-mode route
 combo enable copper
```

```
#
interface GigabitEthernet1/0/19
 port link - mode route
 combo enable copper
#
interface GigabitEthernet1/0/20
 port link - mode route
 combo enable copper
#
interface GigabitEthernet1/0/21
 port link - mode route
 combo enable copper
#
interface GigabitEthernet1/0/22
 port link - mode route
 combo enable copper
#
interface GigabitEthernet1/0/23
 port link - mode route
 combo enable copper
#
security - zone name Local
#
security - zone name Trust
 import interface GigabitEthernet1/0/0
#
security - zone name DMZ
 import interface GigabitEthernet1/0/2
#
security - zone name Untrust
 import interface GigabitEthernet1/0/1
 attack - defense apply policy a1
#
security - zone name Management
 import interface GigabitEthernet1/0/3
#
zone - pair security source Local destination Management
 packet - filter 3000
#
zone - pair security source Management destination Local
 packet - filter 3000
#
zone - pair security source Trust destination Untrust
 packet - filter 3500
 aspf apply policy 1
#
 scheduler logfile size 16
#
line class aux
 user - role network - operator
#
line class console
 user - role network - admin
```

```
#
line class tty
 user-role network-operator
#
line class vty
 user-role network-operator
#
line aux 0
 user-role network-admin
#
line con 0
 authentication-mode scheme
 user-role network-admin
#
line vty 0 4
 authentication-mode scheme
 user-role network-admin
#
line vty 5 63
 user-role network-operator
#
 ip route-static 0.0.0.0 0 20.0.0.2
#
acl basic 2030
 rule 1 permit source 192.168.12.2 0
#
acl advanced 3000
 rule 0 permit ip
#
acl advanced 3500
 rule 0 permit ip
 rule 5 permit icmp
#
domain system
#
 aaa session-limit ftp 16
 aaa session-limit telnet 16
 aaa session-limit ssh 16
 domain default enable system
#
role name level-0
 description Predefined level-0 role
#
role name level-1
 description Predefined level-1 role
#
role name level-2
 description Predefined level-2 role
#
role name level-3
 description Predefined level-3 role
#
role name level-4
```

```
 description Predefined level-4 role
#
role name level-5
 description Predefined level-5 role
#
role name level-6
 description Predefined level-6 role
#
role name level-7
 description Predefined level-7 role
#
role name level-8
 description Predefined level-8 role
#
role name level-9
 description Predefined level-9 role
#
role name level-10
 description Predefined level-10 role
#
role name level-11
 description Predefined level-11 role
#
role name level-12
 description Predefined level-12 role
#
role name level-13
 description Predefined level-13 role
#
role name level-14
 description Predefined level-14 role
#
user-group system
#
local-user admin class manage
 password hash $h$6$UbIhNnPevyKUwfpm$LqR3+yg1IjNct39MkOR0H0iQXLkYB3jMqM4vbAeoXOh
babIIFnjJPEGR00YiYA1Sz4LiY3FmEdru2fOLMb1shQ==
 service-type telnet terminal http https
 authorization-attribute user-role level-3
 authorization-attribute user-role network-admin
 authorization-attribute user-role network-operator
#
 ip http enable
 ip https enable
#
 blacklist global enable
#
attack-defense policy a1
 scan detect level low action logging block-source
 syn-flood detect ip 192.168.2.2 threshold 5000 action logging drop
 signature detect smurf action logging
#
return
```

（2）PC_1 配置如图 7.6 所示。

配置PC_1

接口	状态	IPv4地址	IPv6地址
G0/0/1	UP	192.168.1.2/24	

刷新

接口管理

○ 禁用　◉ 启用

IPv4配置：

○ DHCP

◉ 静态

IPv4地址：192.168.1.2

掩码地址：255.255.255.0

IPv4网关：192.168.1.1　启用

IPv6配置：

○ DHCPv6

◉ 静态

IPv6地址：

前缀长度：

IPv6网关：　启用

图 7.6　PC_1 配置截图

（3）PC_2 配置如图 7.7 所示。

配置PC_2

接口	状态	IPv4地址	IPv6地址
G0/0/1	UP	20.0.0.2/8	

刷新

接口管理

○ 禁用　◉ 启用

IPv4配置：

○ DHCP

◉ 静态

IPv4地址：20.0.0.2

掩码地址：255.0.0.0

IPv4网关：20.0.0.1　启用

IPv6配置：

○ DHCPv6

◉ 静态

IPv6地址：

前缀长度：

IPv6网关：　启用

图 7.7　PC_2 配置截图

(4) Web 服务器配置截图如图 7.8 所示。

配置PC_3

接口	状态	IPv4地址	IPv6地址
G0/0/1	UP	192.168.2.2/24	

刷新

接口管理

○ 禁用 ◉ 启用

IPv4配置:

○ DHCP

◉ 静态

IPv4地址: 192.168.2.2

掩码地址: 255.255.255.0

IPv4网关: 192.168.2.1 启用

IPv6配置:

○ DHCPv6

◉ 静态

IPv6地址:

前缀长度:

IPv6网关: 启用

图 7.8 Web 服务器配置截图

防火墙高级配置2

8.1 案例目的

通过该案例的学习，初步理解 DPI（Deep Packet Inspection，深度报文检测）工作机制，掌握防火墙网页地址过滤、数据过滤、防病毒的配置方法及其功能应用，以实现对网络通信流量按要求进行过滤、控制。

8.2 案例引言

随着信息技术的日新月异和网络信息系统应用的快速发展，网络技术应用正在从传统、小型业务系统逐渐向大型、关键业务系统扩展，网络所承载的数据应用日益增加，呈现复杂化、多元化趋势。网络在使得我们的工作和生活快捷、方便的同时也带来了许多安全问题，例如信息泄露和计算机感染病毒等。

虽然防火墙技术在网络中的应用极大提高了网络的安全性，但是日益复杂的网络安全威胁中，很多恶意行为（例如蠕虫病毒、垃圾邮件、漏洞等）都是隐藏在数据报文的应用层载荷中。因此，在网络应用和网络威胁都不断高速增长的今天，仅仅依靠网络层和传输层的安全检测技术，已经无法满足日益增长的网络安全要求。

因此，设备必须具备 DPI 深度安全功能，实现对网络应用层信息的检测和控制，以保证数据内容的安全。

DPI 深度安全是一种基于应用层信息对流经设备的网络流量进行检测和控制的安全机制。

8.2.1 DPI 业务

目前，设备支持的 DPI 业务主要包括 IPS（Intrusion Prevention System，入侵防御系统）、URL 过滤、数据过滤、文件过滤、防病毒和 NBAR（Network Based Application Recognition，基于内容特征的应用层协议识别），有关 DPI 业务的详细介绍如表 8.1 所示。

表 8.1 DPI 业务详细介绍

DPI 业务	功　能
IPS	IPS 通过分析流经设备的网络流量来实时检测入侵行为，并通过一定的响应动作来阻断入侵行为，实现保护企业信息系统和网络免遭攻击的目的
URL 过滤	URL 过滤功能可对用户访问的 URL 进行控制，即允许或禁止用户访问的 Web 资源，达到规范用户上网行为的目的
数据过滤	数据过滤功能可对应用层协议报文中携带的内容进行过滤，阻止企业机密信息泄露和违法、敏感信息的传播
文件过滤	文件过滤功能可根据文件扩展名信息对经设备传输的文件进行过滤
防病毒	防病毒功能可经过设备的文件进行病毒检测和处理，确保内部网络安全
NBAR	NBAR 功能通过将报文的内容与特征库中的特征项进行匹配来识别报文所属的应用层协议

8.2.2 DPI 深度安全的处理流程

DPI 深度安全功能基于安全域间实例实现。当属于某安全域间实例的报文经过设备时，DPI 深度安全处理流程如图 8.1 所示。

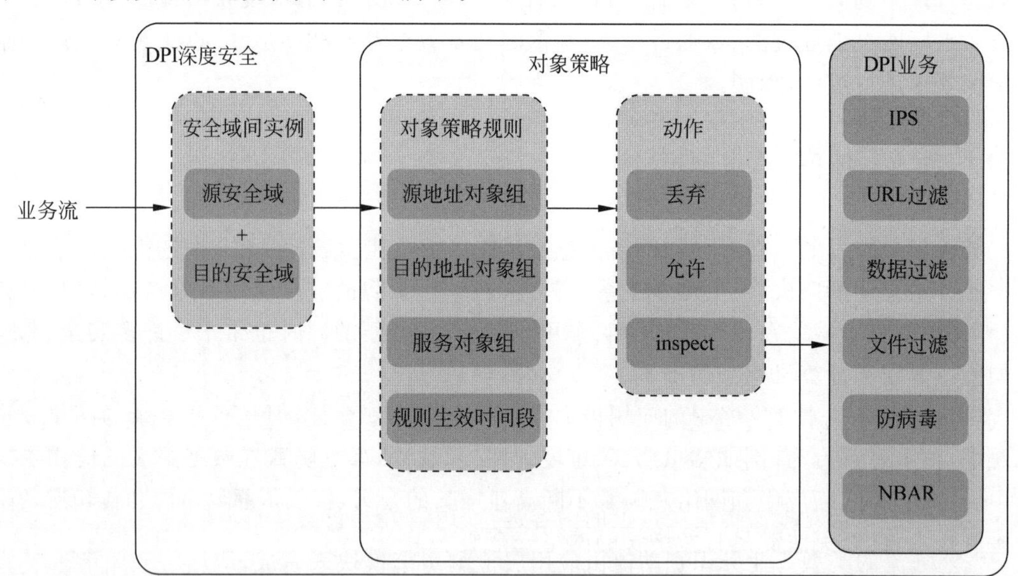

图 8.1 DPI 深度安全处理流程

DPI 深度安全处理流程具体如下：

(1) 从指定源安全域到指定目的安全域的报文，属于一个安全域间实例。每一个安全域间实例下可以关联多个对象策略规则，且其中定义了报文匹配的源 IP 地址、目的 IP 地址和服务类型等信息。进入安全域间实例的报文将与此安全域实例下的对象策略规则进行匹配。

(2) 如果业务流与对象策略规则中的所有条件都匹配，则此业务流成功匹配对象策略规则。如果业务流未与对象策略规则匹配成功，则此业务流将会被拒绝通过。

(3) 如果业务流成功匹配对象策略规则，设备将执行此对象策略规则中指定的动作。

如果动作为“丢弃”，则设备将阻断此业务流；如果动作为“允许”，则设备将允许此业务流通过；如果动作为 inspect，则继续进行步骤(4)的处理。

(4) 如果对象策略规则中的动作为 inspect 且引用的 DPI 业务存在，则设备将对此业务流进行 DPI 业务的一体化检测。如果对象策略规则中引用的 DPI 业务不存在，则设备将允许此业务流通过。

8.3　步骤说明

在进行防火墙器广域网协议配置时，其详细步骤如下(以 HCL 模拟器中操作为例)：

(1) 在模拟器中搭建拓扑。

(2) 设备 IP 地址规划。

(3) 登录防火墙。

(4) 进入系统视图模式。

(5) 删除配置文件并重启防火墙。

(6) 配置防火墙的端口 IP 地址。

(7) 限制特定网站的访问实现。

(8) 限制访问带有某些关键字的网站。

(9) 防病毒配置。

上述 9 个步骤的详细配置方法和过程以及测试验证，参见 8.5 节～8.8 节的内容。

8.4　应用效果

DPI 深度安全提供了一种对数据报文进行一体化检测和多 DPI 业务(如内容过滤、URL 过滤等)处理相结合的安全机制，提高了设备的安全检测以及 DPI 业务处理性能，简化了多 DPI 业务策略配置的复杂度。

具体来说，DPI 深度安全功能可以实现业务识别、业务控制和业务统计。

1. 业务识别

业务识别是指对报文传输层以上的内容进行分析，并与设备中的特征字符串进行匹配来识别业务流的类型。业务识别功能由应用层检测引擎模块来完成，应用层检测引擎是实现 DPI 深度安全功能的核心和基础。业务识别的结果可为 DPI 各业务模块对报文的处理提供判断依据。

2. 业务控制

业务识别之后，设备根据各 DPI 业务模块的策略以及规则配置，实现对业务流量的灵活控制。目前，设备支持的控制方法主要包括放行、丢弃、阻断、重置、捕获和生成日志。

3. 业务统计

业务统计是指对业务流量的类型、协议解析的结果、特征报文的检测和处理结果等进行统计。业务统计的结果可以直观体现业务流量分布和用户的各种业务使用情况，便于更好地发现促进业务发展和影响网络正常运行的因素，为网络和业务优化提供依据。

8.5 拓扑构建及地址规划

1. 在模拟器中搭建拓扑

在模拟器中搭建拓扑如图 8.2 所示。

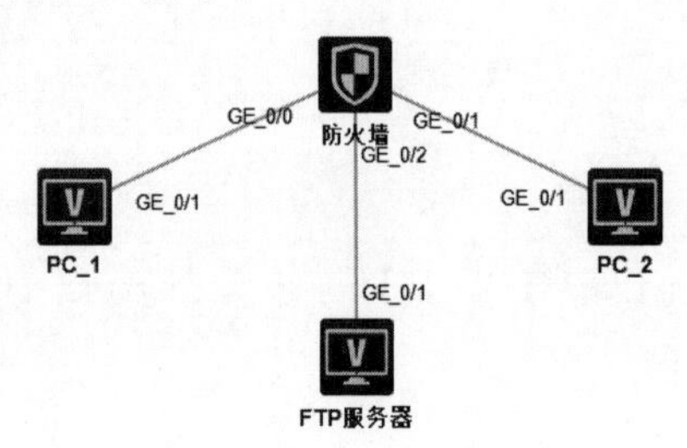

图 8.2 拓扑图

2. 各设备 IP 地址规划

IP 地址分配表如表 8.2 所示。

表 8.2 IP 地址分配表

设备名称	拓扑图接口(设备中实际接口)	IP 地址/掩码	网关
PC_1	GE_0/1(GE0/0/1)	192.168.1.2/24	192.168.1.1
PC_2	GE_0/1(GE0/0/1)	20.0.0.2/16	20.0.0.1
防火墙	内口：GE_0/0(GE1/0/0)	192.168.1.1/24	—
	外口：GE_0/1(GE1/0/1)	20.0.0.1/16	—
服务器	GE_0/1	10.0.0.2/24	10.0.0.1

8.6 功能配置

第一步,限制员工访问某些网站。

第二步,限制访问带有某些关键字的内容。

第三步,防病毒配置。

具体实施步骤如下。

1. 基础配置

1) 配置防火墙的端口 IP 地址

命令如下：

```
[H3C]int GigabitEthernet 1/0/0
[H3C - GigabitEthernet1/0/0]ip add 192.168.1.1 24
[H3C - GigabitEthernet1/0/0]quit
[H3C]int GigabitEthernet 1/0/1
[H3C - GigabitEthernet1/0/1]ip add 20.0.0.1 16
[H3C - GigabitEthernet1/0/1]quit
```

2) 配置安全域

(1) 向安全域 Trust 中添加接口 GigabitEthernet 1/0/0。

命令如下：

```
[H3C]security - zone name trust
[H3C - security - zone - Trust]import interface GigabitEthernet 1/0/0
[H3C - security - zone - Trust]quit
```

（2）向安全域 Untrust 中添加接口 GigabitEthernet 1/0/1、GigabitEthernet 1/0/2。

命令如下：

```
[H3C]security - zone name untrust
[H3C - security - zone - Untrust]import interface GigabitEthernet 1/0/1
[H3C - security - zone - Untrust]import interface GigabitEthernet 1/0/2
[H3C - security - zone - Untrust]quit
```

2. 内容 1 配置过滤网站

创建名为 urlfilter 的 IP 地址对象组，并定义其子网地址为 192.168.1.0/24。

配置对象组，命令如下：

```
[H3C] object - group ip address urlfilter
[H3C - obj - grp - ip - urlfilter] network subnet 192.168.1.0 24
[H3C - obj - grp - ip - urlfilter] quit
```

1）配置 URL 过滤功能

（1）创建名为 news 的 URL 过滤分类，并进入 URL 过滤分类视图，设置该分类的严重级别为 2000。

命令如下：

```
[H3C]url - filter category news severity 2000
```

（2）在 URL 过滤分类 news 中添加一条 URL 过滤规则，并使用字符串 www.h3c.com 对主机名字段进行精确匹配。

命令如下：

```
[H3C - url - filter - category - news]rule 1 host text www.h3c.com
[H3C - url - filter - category - news]quit
```

（3）创建名为 urlnews 的 URL 过滤策略，并进入 URL 过滤策略视图。

命令如下：

```
[H3C]url - filter policy urlnews
```

（4）在 URL 过滤策略 urlnews 中，配置 URL 过滤分类 news 绑定的动作为丢弃。

命令如下：

```
[H3C - url - filter - policy - urlnews]category news action drop
```

2）配置 DPI 应用 profile

（1）创建名为 sec 的 DPI 应用 profile，并进入 DPI 应用 profile 视图。

命令如下：

```
[H3C]app-profile sec
```

（2）在 DPI 应用 profilesec 中应用 URL 过滤策略 urlnews。

命令如下：

```
[H3C-app-profile-sec]url-filter apply policy urlnews
[H3C-app-profile-sec]quit
```

3）配置对象策略

（1）创建名为 urlfilter 的 IPv4 对象策略，并进入对象策略视图。

命令如下：

```
[H3C] object-policy ip urlfilter
```

（2）对源 IP 地址对象组 urlfilter 对应的报文进行深度检测，引用的 DPI 应用 profile 为 sec。

命令如下：

```
[H3C-object-policy-ip-urlfilter] rule inspect sec source-ip urlfilter destination-
ip any
[H3C-object-policy-ip-urlfilter] quit
```

4）配置安全域间实例并应用对象策略

创建源安全域 Trust 到目的安全域 Untrust 的安全域间实例，并应用对源 IP 地址对象组 urlfilter 对应的报文进行深度检测的对象策略 urlfilter。

命令如下：

```
[H3C] zone-pair security source trust destination untrust
[H3C-zone-pair-security-Trust-Untrust] object-policy apply ip urlfilter
[H3C-zone-pair-security-Trust-Untrust] quit

[H3C] inspect activate # 激活 DPI 各业务模块的策略配置
Rule's activity begin: 100 %
```

5）验证配置

以上配置生效后，Trust 安全域的主机不能访问 Untrust 安全域的 Web Server 上的 www.h3c.com。

3. 内容 2 配置数据过滤功能

阻止 URI 或者 Body 字段含有“h3c”关键字的 HTTP 报文通过，对以上被阻止的报文生成日志信息。

1）配置关键字组

创建名为 datafilter 的 IP 地址对象组，并定义其子网地址为 192.168.1.0/24。

命令如下：

```
[H3C] object-group ip address datafilter
[H3C-obj-grp-ip-datafilter] network subnet 192.168.1.0 24
[H3C-obj-grp-ip-datafilter] quit
```

（1）创建关键字组 kg1，并进入关键字组视图。

命令如下：

```
[H3C]data-filter keyword-group kg1
```

（2）配置关键字文本 h3c。

命令如下：

```
[H3C-data-filter-kgroup-kg1]pattern 1 text h3c
[H3C-data-filter-kgroup-kg1]quit
```

2）配置数据过滤策略

（1）创建数据过滤策略 p1，并进入数据过滤策略视图。

命令如下：

```
[H3C]data-filter policy p1
```

（2）创建数据过滤规则 r1，并进入数据过滤规则视图。

命令如下：

```
[H3C-data-filter-policy-p1]rule r1
```

（3）在规则 r1 中应用关键字组 kg1，配置应用类型为 HTTP，报文方向为会话的双向，动作为丢弃并输出日志。

命令如下：

```
[H3C-data-filter-policy-p1-rule-r1]keyword-group kg1
[H3C-data-filter-policy-p1-rule-r1]application type http
[H3C-data-filter-policy-p1-rule-r1]action drop logging
[H3C-data-filter-policy-p1-rule-r1]direction both
[H3C-data-filter-policy-p1-rule-r1]quit
```

3）配置 DPI 应用 profile

（1）创建名称为 profile1 的 DPI 应用 profile，并进入 DPI 应用 profile 视图。

命令如下：

```
[H3C]app-profile  profile1
```

（2）在 DPI 应用 profile1 中应用数据过滤策略 p1。

命令如下：

```
[H3C-app-profile-profile1]data-filter apply policy p1
[H3C-app-profile-profile1]quit
```

4）配置对象策略

创建名为 inspect1 的对象策略，并进入对象策略视图。

命令如下：

```
[H3C]object-policy ip inspect1
# 对源 IP 地址对象组 datafilter 对应的报文进行深度检测，引用的 DPI 应用 profile 为 profile1
[H3C-object-policy-ip-inspect1] rule inspect profile1 source-ip datafilter destination-
ip any
[H3C-object-policy-ip-inspect1] quit
```

（1）配置安全域间实例并应用对象策略。

创建源安全域 Trust 到目的安全域 Untrust 的安全域间实例，并应用对源 IP 地址对象组 datafilter 对应的报文进行深度检测的对象策略 inspect1。

命令如下：

```
[H3C]zone-pair security source trust destination untrust
[H3C-zone-pair-security-trust-untrust] object-policy apply ip inspect1
[H3C-zone-pair-security-trust-untrust] quit
```

（2）激活 DPI 各业务模块的策略配置。

命令如下：

```
[H3C]inspect activate
Rule's activity begin: 100%
```

4）验证配置

完成上述配置后，符合上述条件（含有 h3c 关键字）的 HTTP 报文被阻断，并输出日志信息。

4. 内容 3 的防病毒功能配置

配置对象组，命令如下：

```
[H3C] object-group ip address antivirus
[H3C-obj-grp-ip-antivirus] network subnet 192.168.1.0 24
[H3C-obj-grp-ip-antivirus] quit
```

1）配置 DPI 应用 profile

创建名为 sec 的 DPI 应用 profile，并进入 DPI 应用 profile 视图。

命令如下：

```
[H3C] app - profile sec

 # 在 DPI 应用 profile sec 中应用缺省防病毒策略 default,并指定该防病毒策略的模式为 Protect
[H3C - app - profile - sec] anti - virus apply policy default mode protect
[H3C - app - profile - sec] quit
```

2) 配置对象策略

创建名为 antivirus 的 IPv4 对象策略,并进入对象策略视图。

命令如下:

```
[H3C] object - policy ip antivirus
 # 对源 IP 地址对象组 antivirus 对应的报文进行深度检测,引用的 DPI 应用 profile 为 sec
[H3C - object - policy - ip - antivirus] rule inspect sec source - ip antivirus destination -
ip any
[H3C - object - policy - ip - antivirus] quit
```

3) 配置安全域间实例并应用对象策略

创建源安全域 Trust 到目的安全域 Untrust 的安全域间实例,并应用对源 IP 地址对象组 antivirus 对应的报文进行深度检测的对象策略 antivirus。

命令如下:

```
[H3C] zone - pair security source trust destination untrust
[H3C - zone - pair - security - Trust - Untrust] object - policy apply ip antivirus
[H3C - zone - pair - security - Trust - Untrust] quit

 # 激活 DPI 各业务模块的策略配置
[H3C] inspect activate
```

4) 验证配置

以上配置生效后,使用缺省防病毒策略可以对已知攻击类型的网络攻击进行防御。

8.7　思考题

在防火墙上做基于邮件主题的垃圾邮件和病毒邮件阻止操作时,如何在 PC 上做有效验证? 对电子邮件客户端程序有什么要求?

8.8　设备配置文档

(1) 防火墙配置文档如下:

操作演示视频

```
[H3C]dis cur
#
 version 7.1.064, Alpha 7164
#
 sysname H3C
```

```
#
context Admin id 1
#
 telnet server enable
#
 irf mac-address persistent timer
 irf auto-update enable
 undo irf link-delay
 irf member 1 priority 1
#
 xbar load-single
 password-recovery enable
 lpu-type f-series
#
vlan 1
#
object-group ip address antivirus
#
object-group ip address datafilter
#
object-group ip address urlfilter
 0 network subnet 192.168.1.0 255.255.255.0
#
interface NULL0
#
interface GigabitEthernet1/0/0
 port link-mode route
 combo enable copper
 ip address 192.168.1.1 255.255.255.0
#
interface GigabitEthernet1/0/1
 port link-mode route
 combo enable copper
 ip address 20.0.0.1 255.255.0.0
#
interface GigabitEthernet1/0/2
 port link-mode route
 combo enable copper
#
interface GigabitEthernet1/0/3
 port link-mode route
 combo enable copper
#
interface GigabitEthernet1/0/4
 port link-mode route
 combo enable copper
#
interface GigabitEthernet1/0/5
 port link-mode route
 combo enable copper
#
interface GigabitEthernet1/0/6
 port link-mode route
```

```
 combo enable copper
#
interface GigabitEthernet1/0/7
 port link - mode route
 combo enable copper
#
interface GigabitEthernet1/0/8
 port link - mode route
 combo enable copper
#
interface GigabitEthernet1/0/9
 port link - mode route
 combo enable copper
#
interface GigabitEthernet1/0/10
 port link - mode route
 combo enable copper
#
interface GigabitEthernet1/0/11
 port link - mode route
 combo enable copper
#
interface GigabitEthernet1/0/12
 port link - mode route
 combo enable copper
#
interface GigabitEthernet1/0/13
 port link - mode route
 combo enable copper
#
interface GigabitEthernet1/0/14
 port link - mode route
 combo enable copper
#
interface GigabitEthernet1/0/15
 port link - mode route
 combo enable copper
#
interface GigabitEthernet1/0/16
 port link - mode route
 combo enable copper
#
interface GigabitEthernet1/0/17
 port link - mode route
 combo enable copper
#
interface GigabitEthernet1/0/18
 port link - mode route
 combo enable copper
#
interface GigabitEthernet1/0/19
 port link - mode route
 combo enable copper
```

```
#
interface GigabitEthernet1/0/20
 port link - mode route
 combo enable copper
#
interface GigabitEthernet1/0/21
 port link - mode route
 combo enable copper
#
interface GigabitEthernet1/0/22
 port link - mode route
 combo enable copper
#
interface GigabitEthernet1/0/23
 port link - mode route
 combo enable copper
#
object - policy ip antivirus
 rule 0 inspect sec source - ip antivirus
#
object - policy ip inspect1
 rule 0 inspect profile1 source - ip datafilter
#
object - policy ip urlfilter
 rule 0 inspect sec source - ip urlfilter
#
security - zone name Local
#
security - zone name Trust
 import interface GigabitEthernet1/0/0
#
security - zone name DMZ
#
security - zone name Untrust
 import interface GigabitEthernet1/0/1
 import interface GigabitEthernet1/0/2
#
security - zone name Management
#
zone - pair security source Trust destination Untrust
 object - policy apply ip urlfilter
#
 scheduler logfile size 16
#
line class aux
 user - role network - operator
#
line class console
 user - role network - admin
#
line class tty
 user - role network - operator
```

```
#
line class vty
 user-role network-operator
#
line aux 0
 user-role network-admin
#
line con 0
 authentication-mode scheme
 user-role network-admin
#
line vty 0 4
 authentication-mode scheme
 user-role network-admin
#
line vty 5 63
 user-role network-operator
#
domain system
#
 aaa session-limit ftp 16
 aaa session-limit telnet 16
 aaa session-limit ssh 16
 domain default enable system
#
role name level-0
 description Predefined level-0 role
#
role name level-1
 description Predefined level-1 role
#
role name level-2
 description Predefined level-2 role
#
role name level-3
 description Predefined level-3 role
#
role name level-4
 description Predefined level-4 role
#
role name level-5
 description Predefined level-5 role
#
role name level-6
 description Predefined level-6 role
#
role name level-7
 description Predefined level-7 role
#
role name level-8
 description Predefined level-8 role
#
role name level-9
```

```
 description Predefined level-9 role
#
role name level-10
 description Predefined level-10 role
#
role name level-11
 description Predefined level-11 role
#
role name level-12
 description Predefined level-12 role
#
role name level-13
 description Predefined level-13 role
#
role name level-14
 description Predefined level-14 role
#
user-group system
#
local-user admin class manage
 password hash $h$6$UbIhNnPevyKUwfpm$LqR3+ýg1IjNct39MkOR0H0iQXLkYB3jMqM4vbAeoXOh
babIIFnjJPEGR00YiYA1Sz4LiY3FmEdru2fOLMb1shQ==
 service-type telnet terminal http
 authorization-attribute user-role level-3
 authorization-attribute user-role network-admin
 authorization-attribute user-role network-operator
#
 ip http enable
 ip https enable
#
data-filter keyword-group kg1
 pattern 1 text h3c
#
data-filter policy p1
 rule r1
  keyword-group kg1
  application type http
  direction both
  action drop logging
#
url-filter policy urlnews
 category news action drop
#
url-filter category news severity 2000
 rule 1 host text www.h3c.com
#
app-profile profile1
 data-filter apply policy p1
#
app-profile sec
 url-filter apply policy urlnews
 anti-virus apply policy default mode protect
#
return
```

（2）PC_1 配置如图 8.3 所示。

配置PC_1

接口	状态	IPv4地址	IPv6地址
G0/0/1	UP	192.168.1.2/24	

刷新

接口管理

○ 禁用　◉ 启用

IPv4配置：

○ DHCP

◉ 静态

IPv4地址：192.168.1.2

掩码地址：255.255.255.0

IPv4网关：192.168.1.1　启用

IPv6配置：

○ DHCPv6

◉ 静态

IPv6地址：

前缀长度：

IPv6网关：　启用

图 8.3　PC_1 配置截图

（3）PC_2 配置如图 8.4 所示。

配置PC_2

接口	状态	IPv4地址	IPv6地址
G0/0/1	UP	20.0.0.2/16	

刷新

接口管理

○ 禁用　◉ 启用

IPv4配置：

○ DHCP

◉ 静态

IPv4地址：20.0.0.2

掩码地址：255.255.0.0

IPv4网关：20.0.0.1　启用

IPv6配置：

○ DHCPv6

◉ 静态

IPv6地址：

前缀长度：

IPv6网关：　启用

图 8.4　PC_2 配置截图

(4) FTP 服务器配置截图如图 8.5 所示。

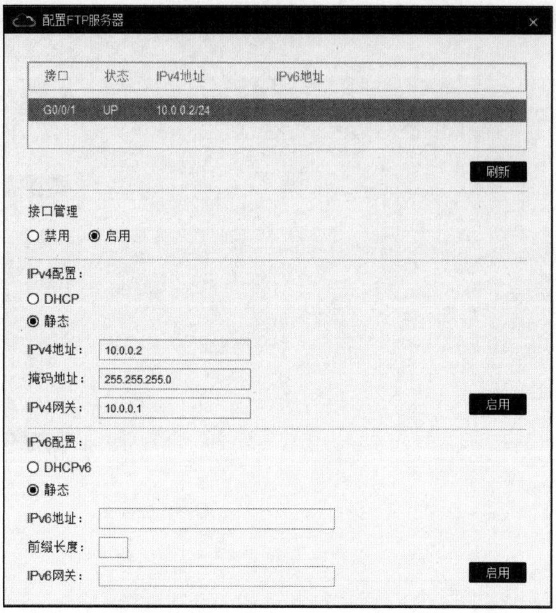

图 8.5　FTP 服务器配置截图

案例九

路由交换综合应用

9.1 案例目的

通过该案例的学习，掌握路由器、交换机等网络设备的配置方法及其功能应用，能够根据应用需求，灵活采用网络设备进行合理组网、配置和调试联通。

9.2 案例引言

某企业要实现从接入层到核心层之间各类设备的互联互通，为达到管理方便的目的，网络运行 OSPF 协议，且做区域划分和采用虚链接技术，要求 PC1 与 PC2 相互隔离。同时处于网络安全考虑内外网要求采用 NAT 技术，对访问服务器终端设备作相应的权限划分。

OSPF 协议中要求每个区域与骨干区域(Area 0)必须直接相连，但是实际组网中，网络情况非常的复杂，有时候在划分区域时，无法保证每个区域都满足这个要求。这个时候我们就需要使用虚链接(Virtual Link)技术来解决这个问题。

虚链接是指在两台 ABR 之间，穿过一个非骨干区域(也称为转换区域，Transit Area)，建立的一条逻辑上的连接通道(须在两端的 ABR 上同时配置)。在路由器 C 和路由器 E 之间建立一条虚链接，使 Area 3 和骨干区域 Area 0 之间有了逻辑连接，Area 1 为转换区域，如图 9.1 所示。

"逻辑通道"是指两台 ABR 之间的其他运行 OSPF 的路由器只是转发报文，相当于在两个 ABR 之间形成了一个点到点的连接。因此在这个连接上，和物理接口一样可以配置接口的各类参数。

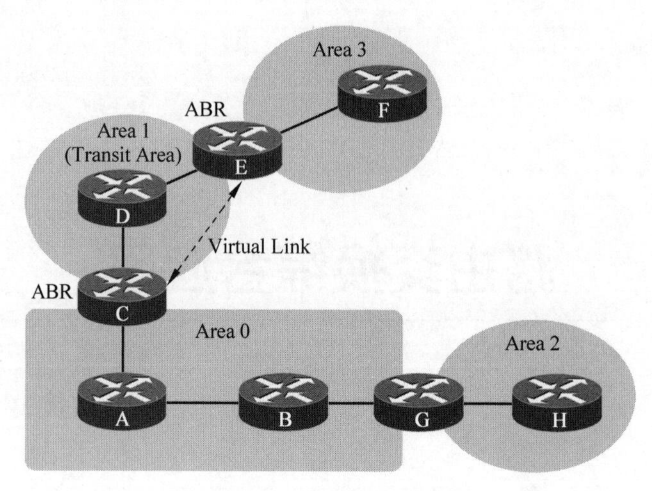

图 9.1 虚链接示意图

9.3 步骤说明

在进行本案例配置时，其详细步骤如下(以 HCL 模拟器中操作为例)：

(1) 在模拟器中搭建拓扑。

(2) 设备 IP 地址规划。

(3) 登录各设备。

(4) 进入系统视图模式。

(5) 删除配置文件并重启设备。

(6) 配置设备的端口 IP 地址。

(7) 请根据网络结构合理规划 IP 地址，PC1、PC2、PC3、PC4、PC5 分别位于不同网段，其中 L2SW 是二层交换机，L3SW 是三层交换机，RT1、RT2、RT3 是路由器。

(8) 要求 PC1 与 PC2 不能互通。

(9) 网络运行 OSPF 协议，且进行区域划分，RT2 与 RT3 间做虚链接。

(10) PC5 所在网段是外网，在 RT3 上做 NAT 转换，要求 PC1、PC2、PC3、PC4 可以 ping 通 PC5，PC5 可以访问 Web Server。

(11) PC1 和 PC2 不能访问 Web Server，而 PC3 和 PC4 可以访问 Web Server。

上述 11 个步骤的详细配置方法和过程以及测试验证，参见 9.5 节～9.8 节的内容。

9.4 应用效果

通过 IP 地址的合理规划、VLAN 技术的运用、OSPF 协议的配置，以及 NAT 技术和 ACL 技术的组合使用，使本综合案例较好地模拟出了真实网络环境中的大部分内容。从接入层到汇聚层和核心层的拓扑架构层次清晰，设备搭建和协议配置要求合理，能较真实地反映出实际环境中的应用效果。

9.5　拓扑构建及地址规划

1. 在模拟器中搭建拓扑

在模拟器中搭建拓扑如图 9.2 所示。

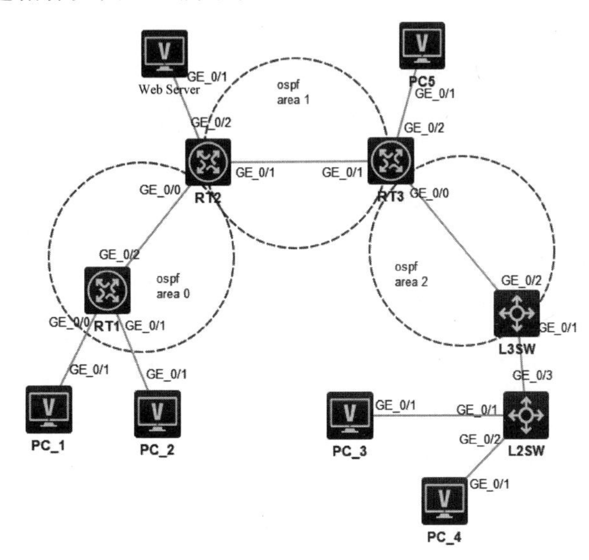

图 9.2　拓扑图

2. 各设备 IP 地址规划

IP 地址分配表如表 9.1 所示。

表 9.1　IP 地址分配表

设备名称	拓扑图接口(设备中实际接口)	IP 地址/掩码	网　关
PC_1	GE_0/1(GE0/0/1)	192.168.1.2/24	192.168.1.1
PC_2	GE_0/1(GE0/0/1)	192.168.2.2/24	192.168.2.1
PC_3	GE_0/1(GE0/0/1)	192.168.3.2/24	192.168.3.1
PC_4	GE_0/1(GE0/0/1)	192.168.4.2/24	192.168.4.1
PC_5	GE_0/1(GE0/0/1)	222.180.188.217/24	222.180.188.1
路由器 RT1	GE_0/0	192.168.1.1/24	—
	GE_0/1	192.168.2.1/24	—
	GE_0/2	20.0.0.1/30	—
路由器 RT2	GE_0/0	20.0.0.2/30	—
	GE_0/1	30.0.0.1/30	—
	GE_0/2	192.168.6.1/24	—
路由器 RT3	GE_0/0	40.0.0.1/30	—
	GE_0/1	30.0.0.2/30	—
	GE_0/2	222.180.188.1/24	—
L3SW 交换机	GE_0/2(GE1/0/2)	40.0.0.2/30	该端口起路由模式
	GE_0/1(GE1/0/1)	—	作 truck 配置
	VLAN2 虚接口	192.168.3.1/24	—
	VLAN3 虚接口	192.168.4.1/24	—

续表

设备名称	拓扑图接口(设备中实际接口)	IP地址/掩码	网关
L2SW交换机	GE_0/3(GE1/0/3)	—	作trunk配置
Web Server服务器	GE_0/1(GE0/0/1)	192.168.6.2/24	192.168.6.1

9.6 功能配置

1. 各设备IP地址配置

根据表9.1中的地址规划方案,进行各设备的IP地址配置。PC_1、PC_2、PC_3、PC_4、PC_5分别位于不同网段,其中L2SW是二层交换机,L3SW是三层交换机,RT1、RT2、RT3是路由器。

(1) RT1路由器IP配置,执行结果如下:

```
[RT1]int g0/0
[RT1-GigabitEthernet0/0]ip add 192.168.1.1 24
[RT1-GigabitEthernet0/0]int g0/1
[RT1-GigabitEthernet0/1]ip add 192.168.2.1 24
[RT1-GigabitEthernet0/1]int g0/2
[RT1-GigabitEthernet0/2]ip add 20.0.0.1 30
[RT1-GigabitEthernet0/2]quit
```

(2) RT2路由器IP配置,执行结果如下:

```
[RT2]int g0/0
[RT2-GigabitEthernet0/0]ip add 20.0.0.2 30
[RT2-GigabitEthernet0/0]int g0/1
[RT2-GigabitEthernet0/1]ip add 30.0.0.1 30
[RT2-GigabitEthernet0/1]int g0/2
[RT2-GigabitEthernet0/2]ip add 192.168.6.1 24
[RT2-GigabitEthernet0/2]quit
```

(3) RT3路由器IP配置,执行结果如下:

```
[RT3]int g0/0
[RT3-GigabitEthernet0/0]ip add 40.0.0.1 30
[RT3-GigabitEthernet0/2]int g0/1
[RT3-GigabitEthernet0/1]ip add 30.0.0.2 30
[RT3-GigabitEthernet0/1]int g0/2
[RT3-GigabitEthernet0/2]ip add 222.180.188.1 24
[RT3-GigabitEthernet0/2]quit
```

(4) L3SW接口配置如下:

```
[L3SW-GigabitEthernet1/0/3]int g1/0/2
[L3SW-GigabitEthernet1/0/2]port link-mode route
[L3SW-GigabitEthernet1/0/2]ip add 40.0.0.2 30
```

```
[L3SW-GigabitEthernet1/0/2]int g1/0/1
[L3SW-GigabitEthernet1/0/1]port link-type trunk
[L3SW-GigabitEthernet1/0/1]quit
[L3SW]vlan 2
[L3SW]int vlan 2
[L3SW-Vlan-interface2]ip add 192.168.3.1 24
[L3SW]vlan 3
[L3SW-vlan3]int vlan 3
[L3SW-Vlan-interface3]ip add 192.168.4.1 24
[L3SW-Vlan-interface3]int g1/0/1
[L3SW-GigabitEthernet1/0/1]port trunk permit  vlan 2 3
%Nov 16 08:54:36:297 2018 L3SW IFNET/3/PHY_UPDOWN: Physical state on the interface Vlan-interface2 changed to up.//提示信息
%Nov 16 08:54:36:297 2018 L3SW IFNET/3/PHY_UPDOWN: Physical state on the interface Vlan-interface3 changed to up.//提示信息
%Nov 16 08:54:36:297 2018 L3SW IFNET/5/LINK_UPDOWN: Line protocol state on the interface Vlan-interface2 changed to up.//提示信息
%Nov 16 08:54:36:297 2018 L3SW IFNET/5/LINK_UPDOWN: Line protocol state on the interface Vlan-interface3 changed to up.//提示信息
[L3SW-Vlan-interface3]quit
```

（5）L2SW 接口配置如下：

```
[L2SW]int g1/0/1
[L2SW-GigabitEthernet1/0/2]quit
[L2SW]vlan 2
[L2SW-vlan2]port GigabitEthernet 1/0/1
[L2SW-vlan2]vlan 3
[L2SW-vlan3]port GigabitEthernet 1/0/2
[L2SW-vlan3]quit
[L2SW]int g1/0/3
[L2SW-GigabitEthernet1/0/3]port link-type trunk
[L2SW-GigabitEthernet1/0/3]port trunk permit vlan 2 3
[L2SW-GigabitEthernet1/0/3]quit
```

2. 要求 PC_1、PC_2 之间不能互通

利用 ACL 隔离 IP：

（1）创建 IPv4 高级 ACL 3500，禁止 PC1 访问 PC2。

```
[RT1]acl advanced 3500
[RT1-acl-ipv4-adv-3500]rule 0 deny ip source 192.168.1.2  0 destination 192.168.2.2 0
[RT1-acl-ipv4-adv-3500]quit
```

（2）应用 IPv4 高级 ACL 3500 对 RT1 路由器接口 GigabitEthernet0/0 入方向上的报文进行过滤。

```
[RT1]int g0/0
[RT1-GigabitEthernet0/0]packet-filter 3500 inbound
[RT1-GigabitEthernet0/0]quit
```

(3) 创建 IPv4 高级 ACL 3600,禁止 PC2 访问 PC1。

```
[RT1]acl advanced 3600
[RT1 - acl - ipv4 - adv - 3600]rule deny ip source 192.168.2.2 0 destination 192.168.1.2 0
[RT1 - acl - ipv4 - adv - 3600]quit
```

(4) 应用 IPv4 高级 ACL 3600 对接口 GigabitEthernet0/1 入方向上的报文进行过滤。

```
[RT1]int g0/1
[RT1 - GigabitEthernet0/1]packet - filter 3600 inbound
[RT1 - GigabitEthernet0/1]quit
```

3. 网络中运行 OSPF 协议

1) 配置 OSPF 基本功能

(1) 配置 RT1。

```
[RT1] ospf 1 router - id 1.1.1.1
[RT1 - ospf - 1]area 0
[RT1 - ospf - 1 - area - 0.0.0.0]network 20.0.0.0 0.0.0.3
[RT1 - ospf - 1 - area - 0.0.0.0]network 192.168.1.0 0.0.0.255
[RT1 - ospf - 1 - area - 0.0.0.0]network 192.168.2.0 0.0.0.255
[RT1 - ospf - 1 - area - 0.0.0.0]quit
```

(2) 配置 RT2。

```
[RT2] ospf 1 router - id 2.2.2.2
[RT2 - ospf - 1]area 0
[RT2 - ospf - 1 - area - 0.0.0.0]network 20.0.0.2 0.0.0.3
[RT2 - ospf - 1 - area - 0.0.0.0]network 192.168.6.0 0.0.0.255
[RT2 - ospf - 1 - area - 0.0.0.0]quit
[RT2 - ospf - 1]area 1
[RT2 - ospf - 1 - area - 0.0.0.1]network 30.0.0.0 0.0.0.3
[RT2 - ospf - 1 - area - 0.0.0.1]quit
```

(3) 配置 RT3。

```
[RT3] ospf 1 router - id 3.3.3.3
[RT3 - ospf - 1]area 1
[RT3 - ospf - 1 - area - 0.0.0.1]network 30.0.0.0 0.0.0.3
[RT3 - ospf - 1 - area - 0.0.0.1]quit
[RT3 - ospf - 1]area 2
[RT3 - ospf - 1 - area - 0.0.0.2]network 40.0.0.0 0.0.0.3
[RT3 - ospf - 1 - area - 0.0.0.2]network 222.180.188.0 0.0.0.255
[RT3 - ospf - 1 - area - 0.0.0.2]quit
```

(4) 配置 L3SW。

```
[L3SW] ospf 1 router - id 4.4.4.4
[L3SW - ospf - 1]area 2
```

```
[L3SW-ospf-1-area-0.0.0.2]network 40.0.0.0 0.0.0.3
[L3SW-ospf-1-area-0.0.0.2]network 192.168.3.0 0.0.0.255
[L3SW-ospf-1-area-0.0.0.2]network 192.168.4.0 0.0.0.255
[L3SW-ospf-1-area-0.0.0.2]quit
```

2）配置虚链接

（1）配置 RT2。

```
[RT2]ospf
[RT2-ospf-1]area 1
[RT2-ospf-1-area-0.0.0.1]vlink-peer 3.3.3.3
[RT2-ospf-1-area-0.0.0.1]quit
```

（2）配置 RT3。

```
[RT3]ospf
[RT3-ospf-1]area 1
[RT3-ospf-1-area-0.0.0.1]vlink-peer 2.2.2.2
[RT3-ospf-1-area-0.0.0.1]quit
```

4. PC_5 所在网段是外网，在 RT3 上作 NAT 转换

要求 PC_1、PC_2、PC_3、PC_4 可以 ping 通 PC_5，PC_5 可以访问 Web Server。

1）PC_1、PC_2 内网用户通过 NAT 访问外网 PC_5

（1）配置地址组 0，包含两个外网地址 222.180.188.2 和 222.180.188.3。

```
[RT3]nat address-group 0
[RT3-address-group-0]address 222.180.188.2 222.180.188.3
[RT3-address-group-0]quit
```

（2）配置 ACL 2000，仅允许对内部网络中 192.168.0.0/16 网段的用户报文进行地址转换。

```
[RT3]acl basic 2000
[RT3-acl-ipv4-basic-2000]rule permit source 192.168.0.0 0.0.255.255
[RT3-acl-ipv4-basic-2000]quit
```

（3）在接口 GigabitEthernet0/2 上配置出方向动态地址转换，允许使用地址组 0 中的地址对匹配 ACL 2000 的报文进行源地址转换，并在转换过程中使用端口信息。

```
[RT3]int g0/2
[RT3-GigabitEthernet0/2]nat outbound 2000 address-group 0
[RT3-GigabitEthernet0/2]quit
```

2）Nat server 配置（PC_5 可以访问 Web Server）

配置内部 Web 服务器，允许外网主机使用地址 222.180.188.2、端口号 8080 访问内网 Web 服务器 192.168.6.2。

```
[RT3]int g0/2
[RT3 - GigabitEthernet0/2]nat server  protocol tcp global 222.180.188.2 8080 inside
192.168.6.2
[RT3 - GigabitEthernet0/2]nat server protocol icmp global 222.180.188.4 inside 192.168.6.2
//该语句便于由外网到 Web Server 上做 ping 测试
[RT3 - GigabitEthernet0/2]quit
```

5. PC_1 和 PC_2 不能访问 Web Server,而 PC_3 和 PC_4 可以访问 Web Server

(1) 创建 IPv4 高级 ACL 3800,并制定如下规则：PC_1 和 PC_2 不能访问 Web Server，而 PC_3 和 PC_4 可以访问 Web Server。

```
[RT2]acl advanced 3800
[RT2 - acl - ipv4 - adv - 3800]rule 0 deny ip source 192.168.1.2 0.0.0.0 destination
192.168.6.2 0.0.0.0
[RT2 - acl - ipv4 - adv - 3800]rule 1 deny ip source 192.168.2.2 0.0.0.0 destination
192.168.6.2 0.0.0.0
[RT2 - acl - ipv4 - adv - 3800]rule 2 permit ip source 192.168.3.2 0.0.0.0 destination
 192.168.6.2 0.0.0.0
[RT2 - acl - ipv4 - adv - 3800]rule 3 permit ip source 192.168.4.2 0.0.0.0 destination
 192.168.6.2 0.0.0.0
[RT2 - acl - ipv4 - adv - 3800]quit
```

(2) 应用 IPv4 高级 ACL 3800 对接口 GigabitEthernet2/1/0 出方向上的报文进行过滤。

```
[RT2]int g0/2
[RT2 - GigabitEthernet0/2]packet - filter 3800 outbound
[RT2 - GigabitEthernet0/2]quit
```

9.7 思考题

如果将 RT3 换成防火墙设备,其相关配置应如何修改?

9.8 设备配置文档

操作演示视频

(1) 路由器 RT1 配置文档如下：

```
#
 version 7.1.075, Alpha 7571
#
 sysname RT1
#
ospf 1 router - id 1.1.1.1
 area 0.0.0.0
  network 20.0.0.0 0.0.0.3
  network 192.168.1.0 0.0.0.255
```

```
  network 192.168.2.0 0.0.0.255
#
 system-working-mode standard
 xbar load-single
 password-recovery enable
 lpu-type f-series
#
vlan 1
#
interface Serial1/0
#
interface Serial2/0
#
interface Serial3/0
#
interface Serial4/0
#
interface NULL0
#
interface GigabitEthernet0/0
 port link-mode route
 combo enable copper
 ip address 192.168.1.1 255.255.255.0
 packet-filter 3500 inbound
#
interface GigabitEthernet0/1
 port link-mode route
 combo enable copper
 ip address 192.168.2.1 255.255.255.0
 packet-filter 3600 inbound
#
interface GigabitEthernet0/2
 port link-mode route
 combo enable copper
 ip address 20.0.0.1 255.255.255.252
#
interface GigabitEthernet5/0
 port link-mode route
 combo enable copper
#
interface GigabitEthernet5/1
 port link-mode route
 combo enable copper
#
interface GigabitEthernet6/0
 port link-mode route
 combo enable copper
#
interface GigabitEthernet6/1
 port link-mode route
 combo enable copper
```

```
#
 scheduler logfile size 16
#
line class aux
 user-role network-operator
#
line class console
 user-role network-admin
#
line class tty
 user-role network-operator
#
line class vty
 user-role network-operator
#
line aux 0
user-role network-operator
#
line con 0
 user-role network-admin
#
line vty 0 63
 user-role network-operator
#
acl advanced 3500
 rule 0 deny ip source 192.168.1.2 0 destination 192.168.2.2 0
#
acl advanced 3600
 rule 0 deny ip source 192.168.2.2 0 destination 192.168.1.2 0
#
domain name system
#
 domain default enable system
#
role name level-0
 description Predefined level-0 role
#
role name level-1
 description Predefined level-1 role
#
role name level-2
 description Predefined level-2 role
#
role name level-3
 description Predefined level-3 role
#
role name level-4
 description Predefined level-4 role
#
role name level-5
 description Predefined level-5 role
```

```
#
role name level-6
 description Predefined level-6 role
#
role name level-7
 description Predefined level-7 role
#
role name level-8
 description Predefined level-8 role
#
role name level-9
 description Predefined level-9 role
#
role name level-10
 description Predefined level-10 role
#
role name level-11
 description Predefined level-11 role
#
role name level-12
 description Predefined level-12 role
#
role name level-13
 description Predefined level-13 role
#
role name level-14
 description Predefined level-14 role
#
user-group system
#
return
```

（2）路由器 RT2 配置文档如下：

```
#
 version 7.1.075, Alpha 7571
#
 sysname RT2
#
ospf 1 router-id 2.2.2.2
 area 0.0.0.0
  network 20.0.0.0 0.0.0.3
  network 192.168.6.0 0.0.0.255
 area 0.0.0.1
  network 30.0.0.0 0.0.0.3
  vlink-peer 3.3.3.3
#
 system-working-mode standard
 xbar load-single
 password-recovery enable
```

```
 lpu - type f - series
#
vlan 1
#
interface Serial1/0
#
interface Serial2/0
#
interface Serial3/0
#
interface Serial4/0
#
interface NULL0
#
interface GigabitEthernet0/0
 port link - mode route
 combo enable copper
 ip address 20.0.0.2 255.255.255.252
#
interface GigabitEthernet0/1
 port link - mode route
 combo enable copper
 ip address 30.0.0.1 255.255.255.252
#
interface GigabitEthernet0/2
 port link - mode route
 combo enable copper
 ip address 192.168.6.1 255.255.255.0
 packet - filter 3800 outbound
#
interface GigabitEthernet5/0
 port link - mode route
 combo enable copper
#
interface GigabitEthernet5/1
 port link - mode route
 combo enable copper
#
interface GigabitEthernet6/0
 port link - mode route
 combo enable copper
#
interface GigabitEthernet6/1
 port link - mode route
 combo enable copper
#
 scheduler logfile size 16
#
line class aux
 user - role network - operator
#
line class console
```

```
 user-role network-admin
#
line class tty
 user-role network-operator
#
line class vty
 user-role network-operator
#
line aux 0
 user-role network-operator
#
line con 0
 user-role network-admin
#
line vty 0 63
 user-role network-operator
#
acl advanced 3800
 rule 0 deny ip source 192.168.1.2 0.0.0.0 destination 192.168.6.0 0.0.0.255
 rule 1 deny ip source 192.168.2.2 0.0.0.0 destination 192.168.6.0 0.0.0.255
 rule 2 permit ip source 192.168.3.2 0.0.0.0 destination 192.168.6.0 0.0.0.255
 rule 3 permit ip source 192.168.4.2 0.0.0.0 destination 192.168.6.0 0.0.0.255
#
domain name system
#
 domain default enable system
#
role name level-0
 description Predefined level-0 role
#
role name level-1
 description Predefined level-1 role
#
role name level-2
 description Predefined level-2 role
#
role name level-3
 description Predefined level-3 role
#
role name level-4
 description Predefined level-4 role
#
role name level-5
 description Predefined level-5 role
#
role name level-6
 description Predefined level-6 role
#
role name level-7
 description Predefined level-7 role
#
role name level-8
```

```
 description Predefined level - 8 role
#
role name level - 9
 description Predefined level - 9 role
#
role name level - 10
 description Predefined level - 10 role
#
role name level - 11
 description Predefined level - 11 role
#
role name level - 12
 description Predefined level - 12 role
#
role name level - 13
 description Predefined level - 13 role
#
role name level - 14
 description Predefined level - 14 role
#
user - group system
#
return
```

（3）路由器 RT3 配置文档如下：

```
#
 version 7.1.075, Alpha 7571
#
 sysname RT3
#
ospf 1 router - id 3.3.3.3
 area 0.0.0.1
  network 30.0.0.0 0.0.0.3
  vlink - peer 2.2.2.2
 area 0.0.0.2
  network 40.0.0.0 0.0.0.3
  network 222.180.188.0 0.0.0.255
#
 system - working - mode standard
 xbar load - single
 password - recovery enable
 lpu - type f - series
#
vlan 1
#
interface Serial1/0
#
interface Serial2/0
#
interface Serial3/0
```

```
#
interface Serial4/0
#
interface NULL0
#
interface GigabitEthernet0/0
 port link - mode route
 combo enable copper
 ip address 40.0.0.1 255.255.255.252
#
interface GigabitEthernet0/1
 port link - mode route
 combo enable copper
 ip address 30.0.0.2 255.255.255.252
#
interface GigabitEthernet0/2
 port link - mode route
 combo enable copper
 ip address 222.180.188.1 255.255.255.0
 nat outbound 2000 address - group 0
 nat server protocol tcp global 222.180.188.1 8080 inside 192.168.6.2 80
#
interface GigabitEthernet5/0
 port link - mode route
 combo enable copper
#
interface GigabitEthernet5/1
 port link - mode route
 combo enable copper
#
interface GigabitEthernet6/0
 port link - mode route
 combo enable copper
#
interface GigabitEthernet6/1
 port link - mode route
 combo enable copper
#
 scheduler logfile size 16
#
line class aux
 user - role network - operator
#
line class console
 user - role network - admin
#
line class tty
 user - role network - operator
```

```
#
line class vty
 user - role network - operator
#
line aux 0
 user - role network - operator
#
line con 0
 user - role network - admin
#
line vty 0 63
 user - role network - operator
#
acl basic 2000
 rule 0 permit source 192.168.0.0 0.0.255.255
#
domain name system
#
 domain default enable system
#
role name level - 0
 description Predefined level - 0 role
#
role name level - 1
 description Predefined level - 1 role
#
role name level - 2
 description Predefined level - 2 role
#
role name level - 3
 description Predefined level - 3 role
#
role name level - 4
 description Predefined level - 4 role
#
role name level - 5
 description Predefined level - 5 role
#
role name level - 6
 description Predefined level - 6 role
#
role name level - 7
description Predefined level - 7 role
#
role name level - 8
 description Predefined level - 8 role
#
role name level - 9
 description Predefined level - 9 role
```

```
#
role name level - 10
 description Predefined level - 10 role
#
role name level - 11
 description Predefined level - 11 role
#
role name level - 12
 description Predefined level - 12 role
#
role name level - 13
 description Predefined level - 13 role
#
role name level - 14
 description Predefined level - 14 role
#
user - group system
#
nat address - group 0
 address 222.180.188.2 222.180.188.3
#
return
```

(4) PC_1 到 PC_5 配置，如图 9.3～图 9.7 所示。

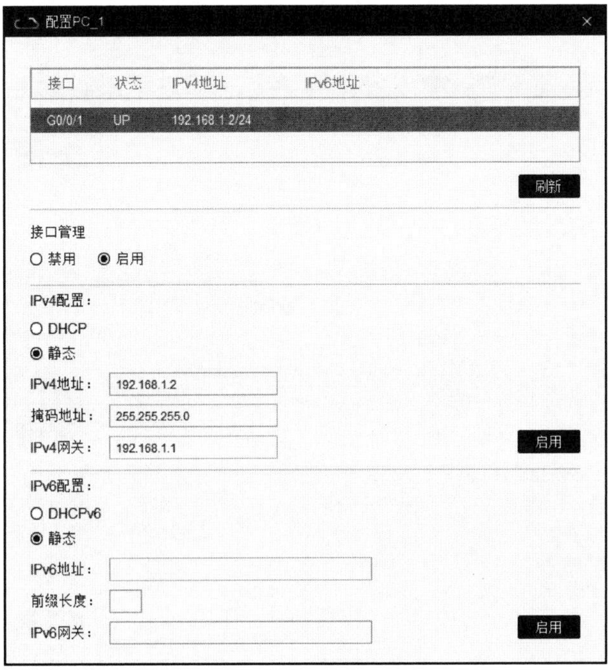

图 9.3　PC_1 配置截图

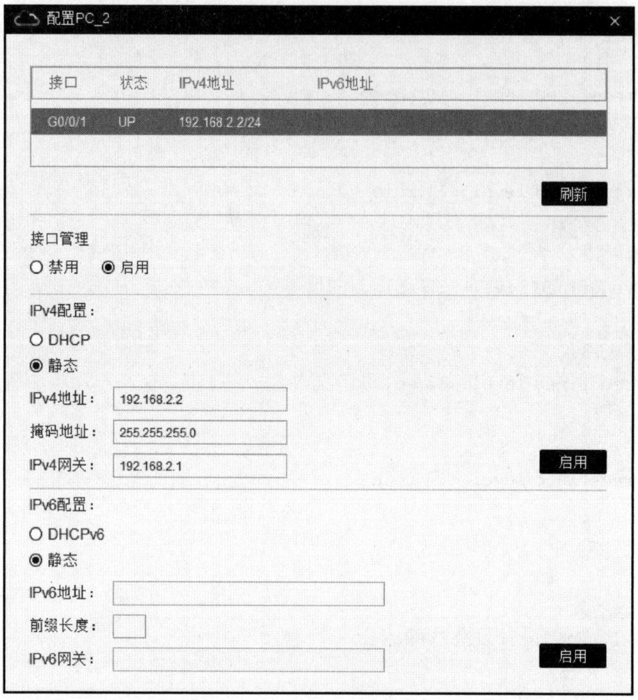

配置PC_2

接口	状态	IPv4地址	IPv6地址
G0/0/1	UP	192.168.2.2/24	

刷新

接口管理
○ 禁用 ◉ 启用

IPv4配置：
○ DHCP
◉ 静态
IPv4地址：192.168.2.2
掩码地址：255.255.255.0
IPv4网关：192.168.2.1
启用

IPv6配置：
○ DHCPv6
◉ 静态
IPv6地址：
前缀长度：
IPv6网关：
启用

图 9.4 PC_2 配置截图

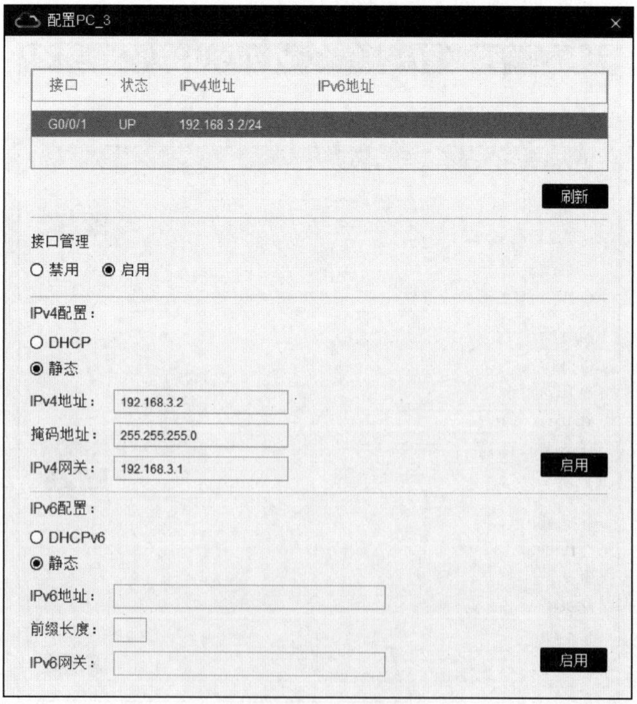

配置PC_3

接口	状态	IPv4地址	IPv6地址
G0/0/1	UP	192.168.3.2/24	

刷新

接口管理
○ 禁用 ◉ 启用

IPv4配置：
○ DHCP
◉ 静态
IPv4地址：192.168.3.2
掩码地址：255.255.255.0
IPv4网关：192.168.3.1
启用

IPv6配置：
○ DHCPv6
◉ 静态
IPv6地址：
前缀长度：
IPv6网关：
启用

图 9.5 PC_3 配置截图

配置PC_4

接口	状态	IPv4地址	IPv6地址
G0/0/1	UP	192.168.4.2/24	

刷新

接口管理

○ 禁用　◉ 启用

IPv4配置：

○ DHCP

◉ 静态

IPv4地址：192.168.4.2

掩码地址：255.255.255.0

IPv4网关：192.168.4.1　启用

IPv6配置：

○ DHCPv6

◉ 静态

IPv6地址：

前缀长度：

IPv6网关：　启用

图 9.6　PC_4 配置截图

配置PC5

接口	状态	IPv4地址	IPv6地址
G0/0/1	UP	222.180.188.217/24	

刷新

接口管理

○ 禁用　◉ 启用

IPv4配置：

○ DHCP

◉ 静态

IPv4地址：222.180.188.217

掩码地址：255.255.255.0

IPv4网关：222.18[illegible]　启用

屏幕截图

✓ 截图时隐藏当前窗口

IPv6配置：

○ DHCPv6

◉ 静态

IPv6地址：

前缀长度：

IPv6网关：　启用

图 9.7　PC_5 配置截图

（5）Web Server 服务器配置如图 9.8 所示。

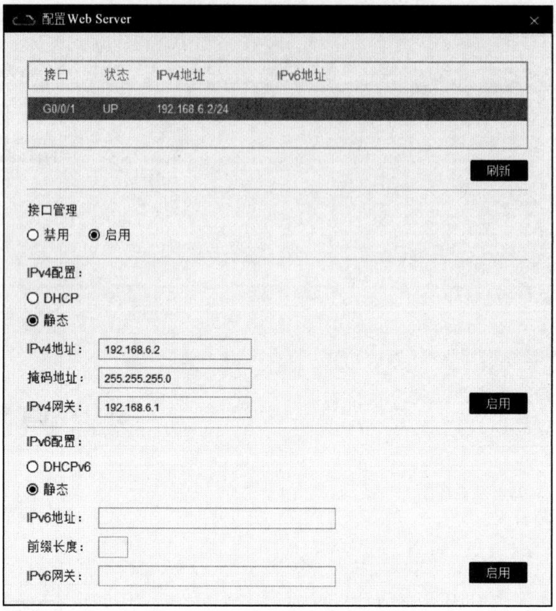

图 9.8　Web Server 配置截图

系统集成综合应用

10.1 案例目的

通过本综合案例的学习，掌握路由器、交换机、防火墙等网络设备的配置方法及其功能应用，能够根据应用需求，灵活采用网络设备进行合理组网、配置和调试联通。

10.2 案例引言

某公司是一家IT技术企业，因业务发展需要，拟对公司广域网互联项目进行规划设计。该公司在成立伊始就非常重视信息化建设。公司规划在北京总部建立局域网，架设服务，并通过广域网线路连接到其他分部，以便分部与总部不间断的交换数据。同时，为了数据传递的安全，需要考虑相关设备的安全策略的部署。基于以上目标，公司IT部门开始进行网络规划、配置及实施。

10.2.1 IPSec简介

IPSec是IETF(Internet Engineering Task Force，国际互联网工程技术小组)提出的使用密码学保护IP层通信的安全保密架构，是一个协议簇，通过对IP协议的分组进行加密和认证来保护IP协议的网络传输协议簇(一些相互关联的协议的集合)。

IPSec可以实现以下4项功能：①数据机密性，IPSec发送方将包加密后再通过网络发送；②数据完整性，IPSec可以验证IPSec发送方发送的包，以确保数据传输时没有被改变；③数据认证，IPSec接收方能够鉴别IPsec包的发送起源，此服务依赖数据的完整性；④反重放，IPSec接收方能检查并拒绝重放包。

IPSec主要由以下四种协议组成：

(1) 认证头(Authentication Header，AH)，为IP数据报提供无连接数据完整性、消息认证以及防重放攻击保护。

(2) 封装安全载荷(Encapsulating Security Payload，ESP)，提供机密性、数据源认证、无连接完整性、防重放和有限的传输流(Traffic-flow)机密性。

(3) 安全关联(Security Association,SA),提供算法和数据包,提供 AH、ESP 操作所需的参数。

(4) 互联网密钥交换(Internet Key Exchange,IKE),提供对称密码的钥匙的生存和交换。

随着 Internet 的飞速发展,IPSec 的应用领域越来越广。与此同时,互联网安全问题也日趋严重,网络上的数据非常容易被他人恶意窃听和篡改。IPSec 协议是一个标准的网络安全协议,也是一个开放标准的网络架构,通过加密以确保网络的安全通信。IPSec 的作用主要包括确保 IP 数据安全以及抵抗网络攻击。

IPv6 是 IETF 为 IP 协议分组通信制定的新的因特网标准,IPSec 在 RFC 6434 以前是其中必选的内容,但在 IPv4 中的使用则一直只是可选的。这样做的目的是随着 IPv6 的进一步流行,IPSec 可以得到更为广泛的使用。第一版 IPSec 协议在 RFC 2401-2409 中定义。2005 年第二版标准文档发布,新的文档定义在 RFC 4301 和 RFC 4309 中。

IPSec 被设计用来提供入口对入口通信安全和端到端分组通信安全。对于入口对入口通信安全而言,分组通信的安全性由单个节点提供给多台机器(甚至可以是整个局域网);而对于端到端分组通信安全,则由作为端点的计算机完成安全操作。上述的任意一种模式都可以用来构建虚拟专用网(VPN),而这也是 IPSec 最主要的用途之一。应该注意的是,上述两种操作模式在安全的实现方面有着很大差别。Internet 范围内端到端通信安全的发展比预料的要缓慢,其中部分原因是其不够普遍或者说不被普遍信任。公钥基础设施能够得以形成(DNSSEC 最初就是为此产生的),一部分是因为许多用户不能充分地认清他们的需求及可用的选项,导致其作为内含物强加到卖家的产品中(这也必将得到广泛采用);另一部分可能归因于网络响应的退化(或说预期退化),就像兜售信息而带来的带宽损失一样。

10.2.2 IPSec 安全结构

IPSec 协议工作在 OSI 模型的第三层,使其在单独使用时适于保护基于 TCP 或 UDP 的协议(如安全套接子层(SSL)就不能保护 UDP 层的通信流)。这就意味着,与传输层或更高层的协议相比,IPSec 协议必须处理可靠性和分片的问题,这同时也增加了它的复杂性和处理开销。相对而言,SSL/TLS 依靠更高层的 TCP(OSI 的第四层)来管理可靠性和分片。

1. 安全协议

(1) AH 协议。

它用来向 IP 通信提供数据完整性和身份验证,同时可以提供抗重播服务。在 IPv6 中协议采用 AH 后,因为在主机端设置了一个基于算法独立交换的秘密钥匙,非法潜入的现象可得到有效防止,秘密钥匙由客户和服务商共同设置。在传送每个数据包时,IPv6 认证根据这个秘密钥匙和数据包产生一个检验项。在数据接收端重新运行该检验项并进行比较,从而保证了对数据包来源的确认以及数据包不被非法修改。

(2) ESP 协议。

它提供 IP 层加密保证和验证数据源以对付网络上的监听。因为 AH 虽然可以保护通信免受篡改,但并不对数据进行变形转换,数据对于黑客而言仍然是清晰的。为了有效地保证数据传输安全,在 IPv6 中有另外一个报头 ESP,进一步提供数据保密性并防止篡改。

2. 安全关联

安全关联(SA),记录每条 IP 安全通路的策略和策略参数。安全关联是 IPSec 的基础,是通信双方建立的一种协定,决定了用来保护数据包的协议、转码方式、密钥以及密钥有效期等。AH 和 ESP 都要用到安全关联,IKE 的一个主要功能就是建立和维护安全关联。

3. 密钥管理协议

密钥管理协议,提供共享安全信息。Internet 密钥管理协议被定义在应用层,IETF 规定了 Internet 安全协议、互联网安全关联和密钥管理协议(Internet Security Association and Key Management Protocol,ISAKMP)来实现 IPSec 的密钥管理,为身份认证的 SA 设置以及密钥交换技术。

10.2.3 IPSec 安全特性

IPSec 的安全特性主要有以下 4 个。

1. 不可否认性

不可否认性可以证实消息发送方是唯一可能的发送者,发送者不能否认发送过消息。不可否认性是采用公钥技术的一个特征,当使用公钥技术时,发送者用私钥产生一个数字签名随消息一起发送,接收者用发送者的公钥来验证数字签名。由于在理论上只有发送者才唯一拥有私钥,也只有发送者才可能产生该数字签名,所以只要数字签名通过验证,发送者就不能否认曾发送过该消息。但不可否认性不是基于认证的共享密钥技术的特征,因为在基于认证的共享密钥技术中,发送者和接收者掌握相同的密钥。

2. 反重播性

反重播性可以确保每个 IP 包的唯一性,保证信息万一被截取复制后,不能再被重新利用、重新传输回目的地址。该特性可以防止攻击者截取破译信息后,再用相同的信息包冒取非法访问权(即使这种冒取行为发生在数月之后)。

3. 数据完整性

防止传输过程中数据被篡改,确保发出数据和接收数据的一致性。IPSec 利用 Hash 函数为每个数据包产生一个加密检查和,接收者在打开包前先计算检查和,若包遭篡改导致检查和不相符,数据包即被丢弃。

4. 数据可靠性

在传输前,对数据进行加密,可以保证在传输过程中,即使数据包遭截取,信息也无法被读。该特性在 IPSec 中为可选项,与 IPSec 策略的具体设置相关。

10.2.4 相关 RFC 文档

(1) RFC 2401——IP 协议的安全架构。

(2) RFC 2402——认证头(AH)。

(3) RFC 2406——封装安全载荷(ESP)。

(4) RFC 2407——ISAKMP 的 IPSec 解释域(IPSec DoI)。

(5) RFC 2408——互联网安全关联和密钥管理协议(ISAKMP)。

(6) RFC 2409——互联网密钥交换(IKE)。

10.3 步骤说明

在进行本综合案例配置时，其详细步骤如下(以 HCL 模拟器中操作为例)。

(1) 在模拟器中搭建拓扑。

(2) 登录各设备。

(3) 进入系统视图模式。

(4) 删除配置文件并重启设备。

(5) PPP 配置。

R1 与 R2 路由器之间属于 PPP 链路，需要使用 PPP 验证保证链路安全。

PPP 的具体要求如下：

① 使用 CHAP 协议；

② 双向认证，用户名＋验证口令方式；

③ 用户名和密码均为 123456。

(6) 虚拟局域网，为了减少广播，需要规划并配置 VLAN。具体要求如下：

① 配置合理，链路上不允许不必要的数据流通过；

② 交换机与路由器间的互连物理端口直接使用三层模式互联；

③ S1 和 S2 间的 XGE1/0/52 端口为 Trunk 类型。

根据上述信息及表 10.1，在交换机上完成 VLAN 配置和端口分配。

表 10.1 VLAN 分配表

设备	VLAN 编号	VLAN 名称	端口	说明
S1	VLAN10	RD	G1/0/1 至 G1/0/4	研发
	VLAN20	Sales	G1/0/5 至 G1/0/8	市场
	VLAN30	Supply	G1/0/9 至 G1/0/12	供应链
	VLAN40	Service	G1/0/13 至 G1/0/16	售后

(7) IPv4 地址部署。

根据表 10.2 为网络设备分配 IPv4 地址。

表 10.2 IPv4 地址分配表

设备	接口	IPv4 地址
S1	VLAN10	192.0.10.252/24
	VLAN20	192.0.20.252/24
	VLAN30	192.0.30.252/24
	VLAN40	192.0.40.252/24
	G1/0/48	10.0.0.5/30
	XG1/0/51	10.0.0.1/30
	LoopBack 0	9.9.9.201/32
S2	G1/0/48	10.0.0.9/30
	XG1/0/51	10.0.0.2/30
	LoopBack 0	9.9.9.202/32

续表

设　　备	接　　口	IPv4 地址
R1	G0/0	10.0.0.21/30
	G0/1	10.0.0.6/30
	G0/2	10.0.0.10/30
	S1/0	10.0.0.13/30
	LoopBack 0	9.9.9.1/32
R2	G0/0	10.0.0.18/30
	G0/1	192.0.50.254/24
	S1/0	10.0.0.14/30
	LoopBack 0	9.9.9.2/32
FW	G0/0	10.0.0.22/30
	G0/1	10.0.0.17/30
	LoopBack 0	9.9.9.3/32

(8) IPv4 IGP 路由部署。

所有设备之间使用 OSPF 协议组网。要求网络具有安全性、稳定性。具体要求如下：

① OSPF 进程号为 10，区域 0。

② 要求业务网段中不出现协议报文。

③ 要求所有路由协议都发布具体网段。

④ 为了管理方便，需要发布 LoopBack 地址。

最终，要求全网路由互通。

(9) 防火墙安全域部署。

FW 上配置安全域和域间策略。具体要求如下：

① FW 与 R2 互联接口处于 Untrust 安全域，其余接口处于 Trust 安全域。

② 配置域间策略，允许所有 IP 流量通过。

③ 域间策略通过 ACL 实现，ACL 编号为 3100。

(10) IPSec 部署。

考虑到 FW 和 R2 间的线路安全性较差，所以需要使用 IPSec 对分部与总部间的业务流进行加密，其余流量不加密。要求隧道封装形式为隧道模式，安全协议采用 ESP 协议，加密算法采用 DES，认证算法采用 SHA1，以 IKE 协商方式建立 IPsec SA。

在 FW 上所配置的参数要求如下：

① ACL 编号为 3000。

② IPsec 安全提议名称为 FW。

③ IKE keychain 的名称为 FW，预共享密钥为明文 XXXX(此处 XXXX 可考虑为学生学号)。

④ IKE profile 的名称为 FW。

⑤ IPsec 安全策略的名称为 FW，序列号为 10。

在 R2 上所配置的参数要求如下：

① ACL 编号为 3000。

② IPsec 安全提议名称为 R2。

③ IKE keychain 的名称为 R2，预共享密钥为明文 XXXX(此处 XXXX 为自己学号)。

④ IKE profile 的名称为 R2。

⑤ IPsec 安全策略的名称为 R2,序列号为 10。

(11) 路由选路部署。

考虑到从分部到总部有两条线路,所以规划 FW-R2 间为主线路,R1-R2 间为备用线路。根据以上需求,在总部路由器上进行合理的路由协议配置。

(12) PBR 部署。

考虑到分部到总部间有两条广域网线路,为合理利用带宽,规划从分部(192.0.50.0/24)去往总部 VLAN10(192.0.10.0/24)的 FTP 数据流(端口号为 20 及 21)通过 R2-R1 的线路转发,从分部(192.0.50.0/24)去往总部的 Web 数据流(端口号为 80 及 443)通过 R2-FW 的线路转发。为达到上述目的,采用 PBR 实现。具体要求如下:

① PBR 名称为 H3C,节点分别为 10 及 20。

② FTP 数据流由 ACL3001 来定义。

③ Web 数据流由 ACL3002 来定义。

上述 12 个步骤的详细配置方法和过程以及测试验证,参见 10.8 节的内容。

10.4 应用效果

通过 IP 地址的合理规划、路由交换和安全技术的组合使用,使本综合案例较好地模拟出了真实网络环境中的大部分内容。拓扑架构层次清晰,设备搭建和协议配置要求合理,能较真实地反映出实际环境中的应用效果。能更深入地了解企业网络的建设需求及规划、设备选择、系统集成以及设备调试等方面的知识。

10.5 拓扑构建及地址规划

1. 在模拟器中搭建拓扑

在模拟器中搭建拓扑如图 10.1 所示。

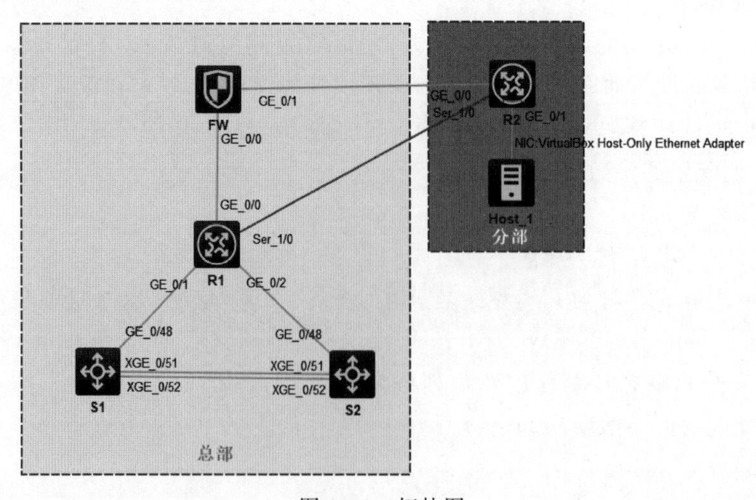

图 10.1 拓扑图

2. 各设备 IP 地址规划

IP 地址分配表如表 10.3 所示。

表 10.3　IP 地址分配表

设　　备	接　　口	IPv4 地址
S1	VLAN10	192.0.10.252/24
	VLAN20	192.0.20.252/24
	VLAN30	192.0.30.252/24
	VLAN40	192.0.40.252/24
	G1/0/48	10.0.0.5/30
	XG1/0/51	10.0.0.1/30
	LoopBack 0	9.9.9.201/32
S2	G1/0/48	10.0.0.9/30
	XG1/0/51	10.0.0.2/30
	LoopBack 0	9.9.9.202/32
R1	G0/0	10.0.0.21/30
	G0/1	10.0.0.6/30
	G0/2	10.0.0.10/30
	S1/0	10.0.0.13/30
	LoopBack 0	9.9.9.1/32
R2	G0/0	10.0.0.18/30
	G0/1	192.0.50.254/24
	S1/0	10.0.0.14/30
	LoopBack 0	9.9.9.2/32
FW	G0/0	10.0.0.22/30
	G0/1	10.0.0.17/30
	LoopBack 0	9.9.9.3/32

10.6　功能配置

1. 设备名配置

根据表 10.4 为网络设备配置主机名。以图 10.1 中的设备名称命名。

表 10.4　设备名称

拓扑图中设备名称	配置主机名(sysname)	说　　明
S1	S1	总部核心交换机 1
S2	S2	总部核心交换机 2
R1	R1	总部路由器
R2	R2	分部路由器
FW	FW	总部防火墙

根据以下代码配置交换机 S1 主机名。

```
<H3C> sys
[H3C]sysname S1
[S1]
```

同理,配置交换机 S2、路由器 R1、R2 及防火墙 FW 的主机名。

2. PPP 配置

点到点协议(Point to Point Protocol,PPP)是为在同等单元之间传输数据包这样的简单链路设计的链路层协议。这种链路提供全双工操作,并按照顺序传递数据包。设计目的主要是用来通过拨号或专线方式建立点对点连接发送数据,使其成为各种主机、网桥和路由器之间简单连接的一种共通的解决方案。

本次案例,R1 与 R2 路由器之间属于 PPP 链路,需要使用 PPP 验证保证链路安全,通过 CHAP 进行认证。

1) 配置 R1

R1 为主验证方,配置本地验证端,PPP 认证方式 chap,本地验证端名称 123456、本地验证端密码 123456,根据以下代码配置 R1。

```
local - user 123456 class network        //用户名 123456 加入本地用户列
password simple 123456                   //将对端的密码 123456 加入本地用户
service - type ppp                       //设置 ppp 服务类型
#
interface Serial1/0                      //进入接口
ppp authentication - mode chap           //ppp 认证方式 chap
ppp chap password simple 123456          // 本地验证端密码 123456
ppp chap user 123456                     //本地验证端名称 123456
ip address 10.0.0.13 255.255.255.252     //配 IP 地址,掩码此处也可配置为 30
```

2) 配置 R2

R2 为主验证方,配置本地验证端,PPP 认证方式 chap,本地验证端名称 123456、本地验证端密码 123456,根据以下代码配置 R2。

```
local - user 123456 class network        //用户名 123456 加入本地用户列
password simple 123456                   //将对端的密码 123456 加入本地用户
service - type ppp                       //设置 ppp 服务类型
#
interface Serial1/0                      //进入接口
ppp authentication - mode chap           //ppp 认证方式 chap
ppp chap password simple 123456          // 本地验证端密码 123456
ppp chap user 123456                     //本地验证端名称 123456
ip address 10.0.0.14 255.255.255.252     //配 IP 地址
```

3. 配置虚拟局域网

VLAN 是为解决以太网的广播问题和安全性而提出的一种协议,它在以太网帧的基础上增加了 VLAN 头,用 VLAN ID 把用户划分为更小的工作组,限制不同工作组间的用户互访,每个工作组就是一个虚拟局域网。虚拟局域网的好处是可以限制广播范围,并能够形成虚拟工作组,动态管理网络。本案例中虚拟局域网为了减少广播,需要规划并配置 VLAN,在交换机上完成 VLAN 配置和端口分配。

(1) S1 中 VLAN 配置。

根据以下代码,创建 vlan10~vlan40。

```
[S1]vlan 10                              //创建 vlan10
[S1 - vlan10]vlan 20                     //创建 vlan20
[S1 - vlan20]vlan 30                     //创建 vlan30
[S1 - vlan30]vlan 40                     //创建 vlan40
```

(2) 根据以下代码，在 S1 中添加端口到对应的 vlan10～vlan40 中。

```
[S1 - vlan10]port g 1/0/1 to g 1/0/4     //将 G1/0/1 至 G1/0/4 端口划分到 vlan10
[S1 - vlan10]vlan 20
[S1 - vlan20]port g 1/0/5 to g 1/0/8     //将 G1/0/5 至 G1/0/8 端口划分到 vlan20
[S1 - vlan20]vlan 30
[S1 - vlan30]port g 1/0/9 to g 1/0/12    //将 G1/0/9 至 G1/0/12 端口划分到 vlan30
[S1 - vlan30]vlan 40
[S1 - vlan40]port g 1/0/13 to g 1/0/16   //将 G1/0/13 至 G1/0/16 端口划分到 vlan40
```

然后，使用指令 dis vlan all，可查看配置的基本 VLAN 信息，如下所示：

```
[S1]dis vlan all
VLAN ID: 1
VLAN type: Static
Route interface: Not configured
Description: VLAN 0001
Name: VLAN 0001
Tagged ports:     None
Untagged ports:
FortyGigE1/0/53             FortyGigE1/0/54
GigabitEthernet1/0/17       GigabitEthernet1/0/18
GigabitEthernet1/0/19       GigabitEthernet1/0/20
GigabitEthernet1/0/21       GigabitEthernet1/0/22
GigabitEthernet1/0/23       GigabitEthernet1/0/24
GigabitEthernet1/0/25       GigabitEthernet1/0/26
GigabitEthernet1/0/27       GigabitEthernet1/0/28
GigabitEthernet1/0/29       GigabitEthernet1/0/30
GigabitEthernet1/0/31       GigabitEthernet1/0/32
GigabitEthernet1/0/33       GigabitEthernet1/0/34
GigabitEthernet1/0/35       GigabitEthernet1/0/36
GigabitEthernet1/0/37       GigabitEthernet1/0/38
GigabitEthernet1/0/39       GigabitEthernet1/0/40
GigabitEthernet1/0/41       GigabitEthernet1/0/42
GigabitEthernet1/0/43       GigabitEthernet1/0/44
GigabitEthernet1/0/45       GigabitEthernet1/0/46
GigabitEthernet1/0/47       GigabitEthernet1/0/48
Ten - GigabitEthernet1/0/49
Ten - GigabitEthernet1/0/50
Ten - GigabitEthernet1/0/51
Ten - GigabitEthernet1/0/52

VLAN ID: 10
VLAN type: Static
Route interface: Not configured
Description: VLAN 0010
```

```
Name: VLAN 0010
Tagged ports:    None
Untagged ports:
GigabitEthernet1/0/1            GigabitEthernet1/0/2
GigabitEthernet1/0/3            GigabitEthernet1/0/4

VLAN ID: 20
VLAN type: Static
Route interface: Not configured
Description: VLAN 0020
Name: VLAN 0020
Tagged ports:    None
Untagged ports:
GigabitEthernet1/0/5            GigabitEthernet1/0/6
GigabitEthernet1/0/7            GigabitEthernet1/0/8

VLAN ID: 30
VLAN type: Static
Route interface: Not configured
Description: VLAN 0030
Name: VLAN 0030
Tagged ports:    None
Untagged ports:
GigabitEthernet1/0/9            GigabitEthernet1/0/10
GigabitEthernet1/0/11           GigabitEthernet1/0/12

VLAN ID: 40
VLAN type: Static
Route interface: Not configured
Description: VLAN 0040
Name: VLAN 0040
Tagged ports:    None
Untagged ports:
GigabitEthernet1/0/13
GigabitEthernet1/0/15
```

（3）根据以下代码，设置交换机 S1 和 S2 连接的端口 XGE1/0/52 为 trunk 模式，并仅允许 vlan 1 10 20 30 40 通过。

```
[S1]interface Ten - GigabitEthernet1/0/52
[S1 - Ten - GigabitEthernet1/0/52]port link - type trunk //设置端口模式为 trunk
[S1 - Ten - GigabitEthernet1/0/52]port trunk permit vlan 1 10 20 30 40
                                    //设置端口只允许 vlan 1 10 20 30 40 通过
```

（4）根据以下代码，开启交换机与路由器间的互连物理端口的三层路由功能。

```
[S1]interface GigabitEthernet1/0/48
[S1 - GigabitEthernet1/0/48]port link - mode route //开启端口三层路由功能
```

在 S2 上做上述 S1 中类似配置。此处不再赘述，参见 10.8 节设备配置文档。

4. 配置 IPv4 地址

IPv4 是一种无连接的协议，操作在使用分组交换的链路层(如以太网)上。此协议会尽最大努力交付数据包，即它不保证任何数据包均能送达目的地，也不保证所有数据包均按照正确的顺序无重复地到达。这些方面是由上层的传输协议(如传输控制协议)处理的。

1) S1 配置

```
interface Vlan-interface10              //进入端口
ip address 192.0.10.252 255.255.255.0 //添加 ip 地址
#
interface Vlan-interface20
 ip address 192.0.20.252 255.255.255.0
#
interface Vlan-interface30
 ip address 192.0.30.252 255.255.255.0
#
interface Vlan-interface40
 ip address 192.0.40.252 255.255.255.0
#
interface g 1/0/48
port link-mode route //开启端口三层路由功能,如前面未配置过,此处可以配置,反之则不再配置
ip add 10.0.0.5 30
#
interface ten 1/0/51
port link-mode route
ip add 10.0.0.1 30
#
interface Loopback 0
ip add 9.9.9.201 32
```

在 S2 上做上述 S1 中类似配置。此处不再赘述，参见 10.8 节设备配置文档。

2) R1 配置

根据以下代码，配置 R1 端口的 IP 地址。

```
interface g 0/0      //进入端口
ip add 10.0.0.21 30 //添加 ip 地址
#
interface g 0/1
ip add 10.0.0.6 30
#
interface g 0/2
ip add 10.0.0.10 30
#
interface s 1/0
ip add 10.0.0.13 30
#
interface Loopback 0
ip add 9.9.9.1 32
```

3) R2 配置

根据以下代码，配置 R2 端口的 IP 地址。

```
interface g 0/0      //进入端口
ip add 10.0.0.18 30 //添加 ip 地址
#
interface g 0/1
ip add 192.0.50.254 24
#
interface s 1/0
ip add 10.0.0.14 30
#
interface Loopback 0
ip add 9.9.9.2 32
```

4）FW 配置

根据以下代码，配置 FW 端口的 IP 地址。

```
interface g 1/0/0       //进入端口
ip add 10.0.0.22 30     //添加 IP 地址
#
interface g 1/0/1
ip add 10.0.0.17 30
#
interface Loopback 0
ip add 9.9.9.3 32
```

5. IPv4IGP 路由部署配置

路由技术主要是指路由选择算法、因特网的路由选择协议的特点及分类。其中，路由选择算法可以分为静态路由选择算法和动态路由选择算法。因特网的路由选择协议的特点是：属于自适应的选择协议（即动态的），是分布式路由选择协议；采用分层次的路由选择协议，即分自治系统内部和自治系统外部路由选择协议。因特网的路由选择协议划分为两大类：内部网关协议（IGP，具体的协议有 RIP 和 OSPF 等）和外部网关协议（EGP，使用最多的是 BGP）。本案例内部网关协议采用 OSPF 协议，对 IP 网段进行宣告，需要在设备上配置 OSPF 路由信息。

1）R1 配置

根据以下代码，配置 R1 的 OSPF 协议，进程为 10。

```
Router id 9.9.9.1                       //创建路由表 id 为 9.9.9.1
#
ospf 10                                 //设置 ospf 进程号为 10
area 0.0.0.0                            //设置 area 区域号为 0
 network 9.9.9.1 0.0.0.0                //宣告 9.9.9.1 IP 地址
 network 10.0.0.4  0.0.0.3              //宣告 10.0.0.4 网段的 IP 地址
 network 10.0.0.20  0.0.0.3             //宣告 10.0.0.20 网段的 IP 地址
 network 10.0.0.12  0.0.0.3             //宣告 10.0.0.12 网段的 IP 地址
 network 10.0.0.8  0.0.0.3              //宣告 10.0.0.8 网段的 IP 地址
 #
```

2）R2 配置

根据以下代码，配置 R2 的 OSPF 协议，进程为 10。

```
Router id 9.9.9.2                          //创建路由表 id 为 9.9.9.2
#
ospf 10                                    //设置 ospf 进程号为 10
area 0.0.0.0                               //设置 area 区域号为 0
 network 9.9.9.2 0.0.0.0                   //宣告 9.9.9.2 IP 地址
 network 10.0.0.16   0.0.0.3               //宣告 10.0.0.16 网段的 IP 地址
 network 10.0.0.12   0.0.0.3               //宣告 10.0.0.12 网段的 IP 地址
 network 192.0.50.0 0.0.0.255              //宣告 192.0.50.0 网段的 IP 地址
 silent - interface GigabitEthernet0/1     //使能业务网段中不出现协议报文
```

3）S1 配置

根据以下代码，配置 S1 的 OSPF 协议，进程为 10。

```
Router id 9.9.9.201                        //创建路由表 id 为 9.9.9.201
#
ospf 10                                    //设置 ospf 进程号为 10
area 0.0.0.0                               //设置 area 区域号为 0
 network 9.9.9.201 0.0.0.0                 //宣告 9.9.9.201 IP 地址
 network 10.0.0.4   0.0.0.3                //宣告 10.0.0.4 网段的 IP 地址
 network 10.0.0.0   0.0.0.3                //宣告 10.0.0.0 网段的 IP 地址
 network 192.0.10.0 0.0.0.255              //宣告 192.0.10.0 网段的 IP 地址
 network 192.0.20.0 0.0.0.255              //宣告 192.0.20.0 网段的 IP 地址
 network 192.0.30.0 0.0.0.255              //宣告 192.0.30.0 网段的 IP 地址
 network 192.0.40.0 0.0.0.255              //宣告 192.0.40.0 网段的 IP 地址
 silent - interface Vlan - interface10     //使能业务网段中不出现协议报文
 silent - interface Vlan - interface20     //使能业务网段中不出现协议报文
 silent - interface Vlan - interface30     //使能业务网段中不出现协议报文
 silent - interface Vlan - interface40     //使能业务网段中不出现协议报文
```

4）S2 配置

根据以下代码，配置 S2 的 OSPF 协议，进程为 10。

```
Router id 9.9.9.202                        //创建路由表 id 为 9.9.9.202
#
ospf 10                                    //设置 ospf 进程号为 10
area 0.0.0.0                               //设置 area 区域号为 0
 network 9.9.9.202 0.0.0.0                 //宣告 9.9.9.202 IP 地址
 network 10.0.0.0 0.0.0.3                  //宣告 10.0.0.0 网段的 IP 地址
 network 10.0.0.8 0.0.0.255                //宣告 10.0.0.8 网段的 IP 地址
```

5）FW 配置

根据以下代码，配置防火墙 FW 的 OSPF 协议，进程为 10。

```
Router id 9.9.9.3                //创建路由表 id 为 9.9.9.3
#
ospf 10                          //设置 ospf 进程号为 10
area 0.0.0.0                     //设置 area 区域号为 0
```

```
network 9.9.9.3 0.0.0.0           //宣告 9.9.9.3 IP 地址
network 10.0.0.16 0.0.0.3         //宣告 10.0.0.16 网段的 IP 地址
network 10.0.0.20 0.0.0.3         //宣告 10.0.0.20 网段的 IP 地址
```

6. 防火墙安全域配置

传统网络中,为了安全管理需要,往往进行安全域划分。安全域划分原则如下：将所有相同安全等级、具有相同安全需求的计算机划入同一网段内,在网段的边界处进行访问控制。一般实现方法是采用防火墙部署在边界处来实现,通过防火墙策略控制允许哪些 IP 访问此域、不允许哪些访问此域；允许此域访问哪些 IP/网段、不允许访问哪些 IP/网段。一般将应用、服务器、数据库等归入最高安全域,办公网归为中级安全域,连接外网的部分归为低级安全域。在不同域之间设置策略进行控制。

1）划分安全域

根据以下代码,将端口 G1/0/1 和 LoopBack0 分配到 Untrust 区域,将端口 G1/0/0 分配到 Trust 区域。

```
#
security-zone name Trust
// 向安全域 Trust 中添加接口 GigabitEthernet1/0/0
 import interface GigabitEthernet1/0/0
// 向安全域 Trust 中添加接口 LoopBack0
 import interface LoopBack0
#
security-zone name Untrust
// 向非安全域 Untrust 中添加接口 GigabitEthernet1/0/1

import interface GigabitEthernet1/0/1
#
```

2）配置域间策略

根据以下代码,配置域间策略通过 ACL 实现,ACL 编号为 3100。

```
acl advanced 3100                                       //配置 ACL 3100
 rule 0 permit ip                                       //定义规则：允许所有 IP 流量
zone-pair security source Any destination Local         //#放通其他区域到 Local 区域的访问
 packet-filter 3100                                     //指定引用 ACL 3100
#
zone-pair security source Local destination Any         //#放通 Local 区域到其他区域的访问
 packet-filter 3100                                     //指定引用 ACL 3100

zone-pair security source Trust destination Untrust //创建源安全域 Trust 到目的非安全域
//Untrust 的域间实例,放通 trust 到 untrust 区域的访问,此时 untrust 访问不了 trust

 packet-filter 3100                                     //指定引用 ACL 3100

zone-pair security source Untrust destination Trust //创建源非安全域 Untrust 到目的安全域
//Trust 的域间实例,放通 untrust 到 trust 区域的访问,此时 trust 和 untrust 间可以互相访问

 packet-filter 3100                                     //指定引用 ACL 3100
```

7. IPSec 配置

考虑到 FW 和 R2 间的线路安全性较差，所以需要使用 IPSec 对分部与总部间的业务流进行加密，其余流量不加密。要求隧道封装形式为隧道模式，安全协议采用 ESP 协议，加密算法采用 DES，认证算法采用 SHA1，以 IKE 协商方式建立 IPsec SA。

1）FW 配置

根据以下代码，完成防火墙 FW 上的 IPSec 配置。

```
//ACL 3000 策略，允许任何 ip 通过
acl advanced 3000
rule permit ip
Quit

//创建 IPsec 安全提议 FW
ipsec transform - set FW

//配置安全协议对 IP 报文的封装形式为隧道模式
encapsulation - mode tunnel
//配置采用的安全协议为 ESP
protocol esp
//配置 ESP 协议采用的加密算法 DES
esp encryption - algorithm DES
//配置 ESP 协议采用的认证算法 SHA1
esp authentication - algorithm sha1
quit

//创建 IKE keychain，名称为 FW
 ike keychain FW
//配置与 IP 地址为 10.0.0.18 的对端使用的预共享密钥为明文 20230808
pre - shared - key address 10.0.0.18 30 key simple 20230808
 quit

//创建 IKE profile，名称为 FW
ike profile FW
//指定引用的 IKE keychain 为 FW
 keychain FW
//配置本端的身份信息为 IP 地址 10.0.0.17
local - identity address 10.0.0.17
//配置匹配对端身份的规则为 IP 地址 10.0.0.18/30
match remote identity address 10.0.0.18 30
quit

//创建一条 IKE 协商方式的 IPsec 安全策略，名称为 FW，顺序号为 10
 ipsec policy FW 10 isakmp
//配置 IPsec 隧道的对端 IP 地址为 10.0.0.18
remote - address 10.0.0.18
//指定引用 ACL 3000
security acl 3000
//指定引用的安全提议为 FW
transform - set FW
//指定引用的 IKE profile 为 FW
ike - profile FW
```

```
quit

//在接口上应用 IPsec 安全策略 FW
interface g1/0/1
ipsec apply policy FW
```

2) R2 配置

根据以下代码,完成路由器 R2 的 IPSec 配置。

```
//ACL 3000 策略,允许任何 ip 通过
acl advanced 3000
rule permit ip
quit

//创建 IPsec 安全提议 R2
ipsec transform - set R2
//配置安全协议对 IP 报文的封装形式为隧道模式
encapsulation - mode tunnel
//配置采用的安全协议为 ESP
protocol esp
//配置 ESP 协议采用的加密算法 DES
esp encryption - algorithm DES
//配置 ESP 协议采用的认证算法 SHA1
esp authentication - algorithm sha1
quit

//创建 IKE keychain,名称为 R2
 ike keychain R2
//配置与 IP 地址为 10.0.0.17 的对端使用的预共享密钥为明文 20230808
pre - shared - key address 10.0.0.17 30 key simple 20230808
 quit

//创建 IKE profile,名称为 R2
ike profile R2
//指定引用的 IKE keychain 为 R2
keychain R2
//配置本端的身份信息为 IP 地址 10.0.0.18
local - identity address 10.0.0.18
//配置匹配对端身份的规则为 IP 地址 10.0.0.17/30
match remote identity address 10.0.0.17 30
quit

//创建一条 IKE 协商方式的 IPsec 安全策略,名称为 R2,顺序号为 10
 ipsec policy R2 10 isakmp
//配置 IPsec 隧道的对端 IP 地址为 10.0.0.17
remote - address 10.0.0.17
//指定引用 ACL 3000
security acl 3000
//指定引用的安全提议为 R2
transform - set R2
//指定引用的 IKE profile 为 R2
```

```
ike - profile R2
quit

//在接口上应用 IPsec 安全策略 R2
interface g 0/0
ipsec apply policy R2
```

8．路由选路配置

在 OSPF 协议中的路由计算环节，LSDB 中得到的是带权有向图，每台路由器分别以自己为根节点计算最小生成树，基于该生成树会将路由添加到路由表，通过修改接口 cost 值改变 OSPF 选路，cost 值越高优先级就越低。考虑到从分部到总部有两条线路，所以规划 FW-R2 间为主线路，R1-R2 间为备线路。根据以上需求，在总部路由器上进行合理的路由协议配置。

根据以下代码，配置 R1、FW 和 R2 经过主备线路端口的 cost 值，主线路 cost 值为 100，备线路 cost 值为 1000。

1）R1 配置

```
interface GigabitEthernet0/0      //设置 cost 值为 100
ospf cost 100
#
interface Serial1/0               //设置 cost 值为 1000
ospf cost 1000
#
```

2）FW 配置

```
#
interface GigabitEthernet1/0/1   //设置 cost 值为 100
ospf cost 100
#
#
interface GigabitEthernet1/0/0   //设置 cost 值为 100
ospf cost 100
#
```

3）R2 配置

```
#
interface Serial1/0              //设置 cost 值为 1000
ospf cost 1000
#
#
interface GigabitEthernet0/0     //设置 cost 值为 100
ospf cost 100
#
```

9．PBR 配置

考虑到分部到总部间有两条广域网线路，为合理利用带宽，规划从分部(192.0.50.0/24)

去往总部 VLAN10(192.0.10.0/24)的 FTP 数据流(端口号为 20 及 21)通过 R2-R1 的线路转发,从分部(192.0.50.0/24)去往总部的 Web 数据流(端口号为 80 及 443)通过 R2-FW 的线路转发。为达到上述目的,采用 PBR 来实现。

满足以下要求：PBR 名称为 H3C,节点分别为 10 及 20；FTP 数据流由 ACL 3001 来定义;Web 数据流由 ACL 3002 来定义。

1) FTP 数据流配置

根据以下代码,R2 上配置 ACL 3001 策略如下。

```
// ACL 3001 策略
acl advanced 3001
rule 0 permit tcp source 192.0.50.0 0.0.0.255 destination 192.0.10.0 0.0.0.255 destination - port
eq 20  //规则 0 允许到达目的网段 192.0.10.0 目的端口是 20 的 tcp 协议通过
rule 5 permit tcp source 192.0.50.0 0.0.0.255 destination 192.0.10.0 0.0.0.255 destination - port
eq 21  //规则 5 允许到达目的网段 192.0.10.0 目的端口是 21 的 tcp 协议通过
```

2) Web 数据流配置

根据以下代码,R2 上配置 ACL 3002 策略如下。

```
// ACL 3002 策略
acl advanced 3002
rule 0 permit tcp source 192.0.50.0 0.0.0.255 destination 192.0.10.0 0.0.0.255 destination - port
eq 80
//规则 0 允许到达目的主机 192.0.10.0 目的端口是 80 的 tcp 协议通过
rule 5 permit tcp source 192.0.50.0 0.0.0.255  destination 192.0.10.0 0.0.0.255 destination -
port eq 433
//规则 0 允许到达目的主机 192.0.10.0 目的端口是 433 的 tcp 协议通过
#
```

3) PBR 配置

根据以下代码,R2 上创建名称为 H3C,节点分别为 10 和 20 的 PBR 策略。

```
#
policy - based - route H3C permit node 10
 if - match acl 3001                          //匹配节点规则 3001
 apply out - interface serial1/0              //设置报文缺省的下一跳
#
policy - based - route H3C permit node 20
 if - match acl 3002                          //匹配节点规则 3002
 apply out - interface  GigabitEthernet 0/0   //设置报文缺省的下一跳
 #
```

4) 端口引用 PBR

根据以下代码,在 R2 相应端口上使用 PBR 协议,如下所示。

```
interface GigabitEthernet0/0
ip policy - based - route H3C                  //引用 PBR 协议
#
```

```
interface Serial1/0
ip policy-based-route H3C                    //引用 PBR 协议
```

10.7　思考题

(1) L2TP 和 IPSec 的区别是什么？

(2) 本案例实施步骤中的 PBR 配置后，如何验证 FTP 数据流和 Web 数据流分别走了不同的路由？

10.8　设备配置文档

(1) 交换机 S1 配置文档如下：

操作演示视频

```
#
 version 7.1.075, Alpha 7571
#
 sysname S1
#
 irf mac-address persistent timer
 irf auto-update enable
 undo irf link-delay
 irf member 1 priority 1
#
 router id 9.9.9.201
#
ospf 10
 silent-interface Vlan-interface10
 silent-interface Vlan-interface20
 silent-interface Vlan-interface30
 silent-interface Vlan-interface40
 area 0.0.0.0
  network 9.9.9.201 0.0.0.0
  network 10.0.0.0 0.0.0.3
  network 10.0.0.4 0.0.0.3
  network 192.0.10.0 0.0.0.255
  network 192.0.20.0 0.0.0.255
  network 192.0.30.0 0.0.0.255
  network 192.0.40.0 0.0.0.255
#
 lldp global enable
#
 system-working-mode standard
 xbar load-single
 password-recovery enable
 lpu-type f-series
#
vlan 1
```

```
#
vlan 10
#
vlan 20
#
vlan 30
#
vlan 40
#
 stp global enable
#
interface NULL0
#
interface LoopBack0
 ip address 9.9.9.201 255.255.255.255
#
interface Vlan-interface10
 ip address 192.0.10.252 255.255.255.0
#
interface Vlan-interface20
 ip address 192.0.20.252 255.255.255.0
#
interface Vlan-interface30
 ip address 192.0.30.252 255.255.255.0
#
interface Vlan-interface40
 ip address 192.0.40.252 255.255.255.0
#
interface FortyGigE1/0/53
 port link-mode bridge
#
interface FortyGigE1/0/54
 port link-mode bridge
#
interface GigabitEthernet1/0/48
 port link-mode route
 combo enable fiber
 ip address 10.0.0.5 255.255.255.252
#
interface GigabitEthernet1/0/1
 port link-mode bridge
 port access vlan 10
 combo enable fiber
#
interface GigabitEthernet1/0/2
 port link-mode bridge
 port access vlan 10
 combo enable fiber
#
interface GigabitEthernet1/0/3
 port link-mode bridge
 port access vlan 10
 combo enable fiber
```

```
#
interface GigabitEthernet1/0/4
 port link-mode bridge
 port access vlan 10
 combo enable fiber
#
interface GigabitEthernet1/0/5
 port link-mode bridge
 port access vlan 20
 combo enable fiber
#
interface GigabitEthernet1/0/6
 port link-mode bridge
 port access vlan 20
 combo enable fiber
#
interface GigabitEthernet1/0/7
 port link-mode bridge
 port access vlan 20
 combo enable fiber
#
interface GigabitEthernet1/0/8
 port link-mode bridge
 port access vlan 20
 combo enable fiber
#
interface GigabitEthernet1/0/9
 port link-mode bridge
 port access vlan 30
 combo enable fiber
#
interface GigabitEthernet1/0/10
 port link-mode bridge
 port access vlan 30
 combo enable fiber
#
interface GigabitEthernet1/0/11
 port link-mode bridge
 port access vlan 30
 combo enable fiber
#
interface GigabitEthernet1/0/12
 port link-mode bridge
 port access vlan 30
 combo enable fiber
#
interface GigabitEthernet1/0/13
 port link-mode bridge
 port access vlan 40
 combo enable fiber
#
interface GigabitEthernet1/0/14
 port link-mode bridge
```

```
 port access vlan 40
 combo enable fiber
#
interface GigabitEthernet1/0/15
 port link-mode bridge
 port access vlan 40
 combo enable fiber
#
interface GigabitEthernet1/0/16
 port link-mode bridge
 port access vlan 40
 combo enable fiber
#
interface GigabitEthernet1/0/17
 port link-mode bridge
 combo enable fiber
#
interface GigabitEthernet1/0/18
 port link-mode bridge
 combo enable fiber
#
interface GigabitEthernet1/0/19
 port link-mode bridge
 combo enable fiber
#
interface GigabitEthernet1/0/20
 port link-mode bridge
 combo enable fiber
#
interface GigabitEthernet1/0/21
 port link-mode bridge
 combo enable fiber
#
interface GigabitEthernet1/0/22
 port link-mode bridge
 combo enable fiber
#
interface GigabitEthernet1/0/23
 port link-mode bridge
 combo enable fiber
#
interface GigabitEthernet1/0/24
 port link-mode bridge
 combo enable fiber
#
interface GigabitEthernet1/0/25
 port link-mode bridge
 combo enable fiber
#
interface GigabitEthernet1/0/26
 port link-mode bridge
 combo enable fiber
```

```
#
interface GigabitEthernet1/0/27
 port link-mode bridge
 combo enable fiber
#
interface GigabitEthernet1/0/28
 port link-mode bridge
 combo enable fiber
#
interface GigabitEthernet1/0/29
 port link-mode bridge
 combo enable fiber
#
interface GigabitEthernet1/0/30
 port link-mode bridge
 combo enable fiber
#
interface GigabitEthernet1/0/31
 port link-mode bridge
 combo enable fiber
#
interface GigabitEthernet1/0/32
 port link-mode bridge
 combo enable fiber
#
interface GigabitEthernet1/0/33
 port link-mode bridge
 combo enable fiber
#
interface GigabitEthernet1/0/34
 port link-mode bridge
 combo enable fiber
#
interface GigabitEthernet1/0/35
 port link-mode bridge
 combo enable fiber
#
interface GigabitEthernet1/0/36
 port link-mode bridge
 combo enable fiber
#
interface GigabitEthernet1/0/37
 port link-mode bridge
 combo enable fiber
#
interface GigabitEthernet1/0/38
 port link-mode bridge
 combo enable fiber
#
interface GigabitEthernet1/0/39
 port link-mode bridge
 combo enable fiber
```

```
#
interface GigabitEthernet1/0/40
 port link - mode bridge
 combo enable fiber
#
interface GigabitEthernet1/0/41
 port link - mode bridge
 combo enable fiber
#
interface GigabitEthernet1/0/42
 port link - mode bridge
 combo enable fiber
#
interface GigabitEthernet1/0/43
 port link - mode bridge
 combo enable fiber
#
interface GigabitEthernet1/0/44
 port link - mode bridge
 combo enable fiber
#
interface GigabitEthernet1/0/45
 port link - mode bridge
 combo enable fiber
#
interface GigabitEthernet1/0/46
 port link - mode bridge
 combo enable fiber
#
interface GigabitEthernet1/0/47
 port link - mode bridge
 combo enable fiber
#
interface M - GigabitEthernet0/0/0
#
interface Ten - GigabitEthernet1/0/51
 port link - mode route
 combo enable fiber
 ip address 10.0.0.1 255.255.255.252
#
interface Ten - GigabitEthernet1/0/49
 port link - mode bridge
 combo enable fiber
#
interface Ten - GigabitEthernet1/0/50
 port link - mode bridge
 combo enable fiber
#
interface Ten - GigabitEthernet1/0/52
 port link - mode bridge
 port link - type trunk
 port trunk permit vlan 1 10 20 30 40
 combo enable fiber
```

```
#
 scheduler logfile size 16
#
line class aux
 user-role network-operator
#
line class console
 user-role network-admin
#
line class tty
 user-role network-operator
#
line class vty
 user-role network-operator
#
line aux 0
 user-role network-operator
#
line con 0
 user-role network-admin
#
line vty 0 63
 user-role network-operator
#
radius scheme system
 user-name-format without-domain
#
domain name system
#
 domain default enable system
#
role name level-0
 description Predefined level-0 role
#
role name level-1
 description Predefined level-1 role
#
role name level-2
 description Predefined level-2 role
#
role name level-3
 description Predefined level-3 role
#
role name level-4
 description Predefined level-4 role
#
role name level-5
 description Predefined level-5 role
#
role name level-6
 description Predefined level-6 role
#
role name level-7
```

```
 description Predefined level - 7 role
#
role name level - 8
 description Predefined level - 8 role
#
role name level - 9
 description Predefined level - 9 role
#
role name level - 10
 description Predefined level - 10 role
#
role name level - 11
 description Predefined level - 11 role
#
role name level - 12
 description Predefined level - 12 role
#
role name level - 13
 description Predefined level - 13 role
#
role name level - 14
 description Predefined level - 14 role
#
user - group system
#
return
```

（2）交换机 S2 配置文档如下：

```
#
 version 7.1.075, Alpha 7571
#
 sysname S2
#
 irf mac - address persistent timer
 irf auto - update enable
 undo irf link - delay
 irf member 1 priority 1
#
 router id 9.9.9.202
#
ospf 10
 area 0.0.0.0
  network 9.9.9.202 0.0.0.0
  network 10.0.0.0 0.0.0.3
  network 10.0.0.4 0.0.0.3
#
 lldp global enable
#
 system - working - mode standard
 xbar load - single
 password - recovery enable
```

```
 lpu-type f-series
#
vlan 1
#
 stp global enable
#
interface NULL0
#
interface LoopBack0
 ip address 9.9.9.202 255.255.255.255
#
interface FortyGigE1/0/53
 port link-mode bridge
#
interface FortyGigE1/0/54
 port link-mode bridge
#
interface GigabitEthernet1/0/48
 port link-mode route
 combo enable fiber
 ip address 10.0.0.9 255.255.255.252
#
interface GigabitEthernet1/0/1
 port link-mode bridge
 combo enable fiber
#
interface GigabitEthernet1/0/2
 port link-mode bridge
 combo enable fiber
#
interface GigabitEthernet1/0/3
 port link-mode bridge
 combo enable fiber
#
interface GigabitEthernet1/0/4
 port link-mode bridge
 combo enable fiber
#
interface GigabitEthernet1/0/5
 port link-mode bridge
 combo enable fiber
#
interface GigabitEthernet1/0/6
 port link-mode bridge
 combo enable fiber
#
interface GigabitEthernet1/0/7
 port link-mode bridge
 combo enable fiber
#
interface GigabitEthernet1/0/8
 port link-mode bridge
 combo enable fiber
```

```
#
interface GigabitEthernet1/0/9
 port link-mode bridge
 combo enable fiber
#
interface GigabitEthernet1/0/10
 port link-mode bridge
 combo enable fiber
#
interface GigabitEthernet1/0/11
 port link-mode bridge
 combo enable fiber
#
interface GigabitEthernet1/0/12
 port link-mode bridge
 combo enable fiber
#
interface GigabitEthernet1/0/13
 port link-mode bridge
 combo enable fiber
#
interface GigabitEthernet1/0/14
 port link-mode bridge
 combo enable fiber
#
interface GigabitEthernet1/0/15
 port link-mode bridge
 combo enable fiber
#
interface GigabitEthernet1/0/16
 port link-mode bridge
 combo enable fiber
#
interface GigabitEthernet1/0/17
 port link-mode bridge
 combo enable fiber
#
interface GigabitEthernet1/0/18
 port link-mode bridge
 combo enable fiber
#
interface GigabitEthernet1/0/19
 port link-mode bridge
 combo enable fiber
#
interface GigabitEthernet1/0/20
 port link-mode bridge
 combo enable fiber
#
interface GigabitEthernet1/0/21
 port link-mode bridge
 combo enable fiber
```

```
#
interface GigabitEthernet1/0/22
 port link-mode bridge
 combo enable fiber
#
interface GigabitEthernet1/0/23
 port link-mode bridge
 combo enable fiber
#
interface GigabitEthernet1/0/24
 port link-mode bridge
 combo enable fiber
#
interface GigabitEthernet1/0/25
 port link-mode bridge
 combo enable fiber
#
interface GigabitEthernet1/0/26
 port link-mode bridge
 combo enable fiber
#
interface GigabitEthernet1/0/27
 port link-mode bridge
 combo enable fiber
#
interface GigabitEthernet1/0/28
 port link-mode bridge
 combo enable fiber
#
interface GigabitEthernet1/0/29
 port link-mode bridge
 combo enable fiber
#
interface GigabitEthernet1/0/30
 port link-mode bridge
 combo enable fiber
#
interface GigabitEthernet1/0/31
 port link-mode bridge
 combo enable fiber
#
interface GigabitEthernet1/0/32
 port link-mode bridge
 combo enable fiber
#
interface GigabitEthernet1/0/33
 port link-mode bridge
 combo enable fiber
#
interface GigabitEthernet1/0/34
 port link-mode bridge
 combo enable fiber
```

```
#
interface GigabitEthernet1/0/35
 port link - mode bridge
 combo enable fiber
#
interface GigabitEthernet1/0/36
 port link - mode bridge
 combo enable fiber
#
interface GigabitEthernet1/0/37
 port link - mode bridge
 combo enable fiber
#
interface GigabitEthernet1/0/38
 port link - mode bridge
 combo enable fiber
#
interface GigabitEthernet1/0/39
 port link - mode bridge
 combo enable fiber
#
interface GigabitEthernet1/0/40
 port link - mode bridge
 combo enable fiber
#
interface GigabitEthernet1/0/41
 port link - mode bridge
 combo enable fiber
#
interface GigabitEthernet1/0/42
 port link - mode bridge
 combo enable fiber
#
interface GigabitEthernet1/0/43
 port link - mode bridge
 combo enable fiber
#
interface GigabitEthernet1/0/44
 port link - mode bridge
 combo enable fiber
#
interface GigabitEthernet1/0/45
 port link - mode bridge
 combo enable fiber
#
interface GigabitEthernet1/0/46
 port link - mode bridge
 combo enable fiber
#
interface GigabitEthernet1/0/47
 port link - mode bridge
 combo enable fiber
```

```
#
interface M-GigabitEthernet0/0/0
#
interface Ten-GigabitEthernet1/0/51
 port link-mode route
 combo enable fiber
 ip address 10.0.0.2 255.255.255.252
#
interface Ten-GigabitEthernet1/0/49
 port link-mode bridge
 combo enable fiber
#
interface Ten-GigabitEthernet1/0/50
 port link-mode bridge
 combo enable fiber
#
interface Ten-GigabitEthernet1/0/52
 port link-mode bridge
 port link-type trunk
 port trunk permit vlan 1 10 20 30 40
 combo enable fiber
#
 scheduler logfile size 16
#
line class aux
 user-role network-operator
#
line class console
 user-role network-admin
#
line class tty
 user-role network-operator
#
line class vty
 user-role network-operator
#
line aux 0
 user-role network-operator
#
line con 0
 user-role network-admin
#
line vty 0 63
 user-role network-operator
#
radius scheme system
 user-name-format without-domain
#
domain name system
#
 domain default enable system
#
role name level-0
```

```
 description Predefined level-0 role
 #
role name level-1
 description Predefined level-1 role
 #
role name level-2
 description Predefined level-2 role
 #
role name level-3
 description Predefined level-3 role
 #
role name level-4
 description Predefined level-4 role
 #
role name level-5
 description Predefined level-5 role
 #
role name level-6
 description Predefined level-6 role
 #
role name level-7
 description Predefined level-7 role
 #
role name level-8
 description Predefined level-8 role
 #
role name level-9
 description Predefined level-9 role
 #
role name level-10
 description Predefined level-10 role
 #
role name level-11
 description Predefined level-11 role
 #
role name level-12
 description Predefined level-12 role
 #
role name level-13
 description Predefined level-13 role
 #
role name level-14
 description Predefined level-14 role
 #
user-group system
 #
return
```

(3) 路由器 R1 配置文档如下：

```
 #
 version 7.1.075, Alpha 7571
```

```
#
 sysname R1
#
 router id 9.9.9.1
#
ospf 10
 area 0.0.0.0
  network 9.9.9.1 0.0.0.0
  network 10.0.0.4 0.0.0.3
  network 10.0.0.8 0.0.0.3
  network 10.0.0.12 0.0.0.3
  network 10.0.0.20 0.0.0.3
#
 system-working-mode standard
 xbar load-single
 password-recovery enable
 lpu-type f-series
#
vlan 1
#
interface Serial1/0
 ppp authentication-mode chap
 ppp chap password cipher $c$3$FtpcllcYuHxkNgSeU4HYhgLXZskzGuF9ZA==
 ppp chap user 123456
 ip address 10.0.0.13 255.255.255.252
 ospf cost 1000
#
interface Serial2/0
#
interface Serial3/0
#
interface Serial4/0
#
interface NULL0
#
interface LoopBack0
 ip address 9.9.9.1 255.255.255.255
#
interface GigabitEthernet0/0
 port link-mode route
 combo enable copper
 ip address 10.0.0.21 255.255.255.252
 ospf cost 100
#
interface GigabitEthernet0/1
 port link-mode route
 combo enable copper
 ip address 10.0.0.6 255.255.255.252
#
interface GigabitEthernet0/2
 port link-mode route
 combo enable copper
 ip address 10.0.0.10 255.255.255.252
```

```
#
interface GigabitEthernet5/0
 port link - mode route
 combo enable copper
#
interface GigabitEthernet5/1
 port link - mode route
 combo enable copper
#
interface GigabitEthernet6/0
 port link - mode route
 combo enable copper
#
interface GigabitEthernet6/1
 port link - mode route
 combo enable copper
#
 scheduler logfile size 16
#
line class aux
 user - role network - operator
#
line class console
 user - role network - admin
#
line class tty
 user - role network - operator
#
line class vty
 user - role network - operator
#
line aux 0
 user - role network - operator
#
line con 0
 user - role network - admin
#
line vty 0 63
 user - role network - operator
#
domain name system
#
 domain default enable system
#
role name level - 0
 description Predefined level - 0 role
#
role name level - 1
 description Predefined level - 1 role
#
role name level - 2
 description Predefined level - 2 role
```

```
#
role name level-3
 description Predefined level-3 role
#
role name level-4
 description Predefined level-4 role
#
role name level-5
 description Predefined level-5 role
#
role name level-6
 description Predefined level-6 role
#
role name level-7
 description Predefined level-7 role
#
role name level-8
 description Predefined level-8 role
#
role name level-9
 description Predefined level-9 role
#
role name level-10
 description Predefined level-10 role
#
role name level-11
 description Predefined level-11 role
#
role name level-12
 description Predefined level-12 role
#
role name level-13
 description Predefined level-13 role
#
role name level-14
 description Predefined level-14 role
#
user-group system
#
local-user 123456 class network
 password cipher $c$3$8tqy41/JPC1nNQsZfkDMoefNQSEdlx97Cg==
 service-type ppp
 authorization-attribute user-role network-operator
#
return
```

（4）路由器 R2 配置文档如下：

```
#
 version 7.1.075, Alpha 7571
#
 sysname R2
```

```
 #
 router id 9.9.9.2
 #
ospf 10
 silent - interface GigabitEthernet0/1
 area 0.0.0.0
  network 9.9.9.2 0.0.0.0
  network 10.0.0.12 0.0.0.3
  network 10.0.0.16 0.0.0.3
  network 192.0.50.0 0.0.0.255
 #
 system - working - mode standard
 xbar load - single
 password - recovery enable
 lpu - type f - series
 #
vlan 1
 #
policy - based - route H3C permit node 10
 if - match acl 3001
 apply output - interface Serial1/0
 #
policy - based - route H3C permit node 20
 if - match acl 3002
 apply output - interface GigabitEthernet0/0
 #
interface Serial1/0
 ppp authentication - mode chap
 ppp chap password cipher $ c $ 3 $ S09mj59glCgi2rmvWtovE/2hcrY6lgPoiQ ==
 ppp chap user 123456
 ip address 10.0.0.14 255.255.255.252
 ip policy - based - route H3C
 #
interface Serial2/0
 #
interface Serial3/0
 #
interface Serial4/0
 #
interface NULL0
 #
interface LoopBack0
 ip address 9.9.9.2 255.255.255.255
 #
interface GigabitEthernet0/0
 port link - mode route
 combo enable copper
 ip address 10.0.0.18 255.255.255.252
 ip policy - based - route H3C
 ipsec apply policy R2
 #
interface GigabitEthernet0/1
 port link - mode route
```

```
 combo enable copper
 ip address 192.0.50.254 255.255.255.0
#
interface GigabitEthernet0/2
 port link - mode route
 combo enable copper
#
interface GigabitEthernet5/0
 port link - mode route
 combo enable copper
#
interface GigabitEthernet5/1
 port link - mode route
 combo enable copper
#
interface GigabitEthernet6/0
 port link - mode route
 combo enable copper
#
interface GigabitEthernet6/1
 port link - mode route
 combo enable copper
#
 scheduler logfile size 16
#
line class aux
 user - role network - operator
#
line class console
 user - role network - admin
#
line class tty
 user - role network - operator
#
line class vty
 user - role network - operator
#
line aux 0
 user - role network - operator
#
line con 0
 user - role network - admin
#
line vty 0 63
 user - role network - operator
#
acl advanced 3000
 rule 0 permit ip
#
acl advanced 3001
 rule 0 permit tcp source 192.0.50.0 0.0.0.255 destination 192.0.10.0 0.0.0.255 destination -
port eq ftp - data
```

```
 rule 5 permit tcp source 192.0.50.0 0.0.0.255 destination 192.0.10.0 0.0.0.255 destination-
port eq ftp
 #
acl advanced 3002
 rule 0 permit tcp source 192.0.50.0 0.0.0.255 destination 192.0.10.0 0.0.0.255 destination-
port eq www
 rule 5 permit tcp source 192.0.50.0 0.0.0.255 destination 192.0.10.0 0.0.0.255 destination-
port eq 433
 #
domain name system
 #
 domain default enable system
 #
role name level-0
 description Predefined level-0 role
 #
role name level-1
 description Predefined level-1 role
 #
role name level-2
 description Predefined level-2 role
 #
role name level-3
 description Predefined level-3 role
 #
role name level-4
 description Predefined level-4 role
 #
role name level-5
 description Predefined level-5 role
 #
role name level-6
 description Predefined level-6 role
 #
role name level-7
 description Predefined level-7 role
 #
role name level-8
 description Predefined level-8 role
 #
role name level-9
 description Predefined level-9 role
 #
role name level-10
 description Predefined level-10 role
 #
role name level-11
 description Predefined level-11 role
 #
role name level-12
 description Predefined level-12 role
 #
role name level-13
```

```
 description Predefined level-13 role
#
role name level-14
 description Predefined level-14 role
#
user-group system
#
local-user 123456 class network
 password cipher $c$3$6dto366SGnwY45sKdemvybp7a7w2eXUJQQ==
 service-type ppp
 authorization-attribute user-role network-operator
#
ipsec transform-set R2
 esp encryption-algorithm des-cbc
 esp authentication-algorithm sha1
#
ipsec policy R2 10 isakmp
 transform-set R2
 security acl 3000
 remote-address 10.0.0.17
 ike-profile R2
#
ike profile R2
 keychain R2
 local-identity address 10.0.0.18
 match remote identity address 10.0.0.17 255.255.255.252
#
ike keychain R2
 pre-shared-key address 10.0.0.17 255.255.255.252 key cipher $c$3$LfwYENpY50vR5EUnNwBDyc03j+
sSHJ48YH37
#
return
```

（5）防火墙 FW 配置文档如下：

```
<FW>DIS CUR
#
 version 7.1.064, Alpha 7164
#
 sysname FW
#
context Admin id 1
#
 telnet server enable
#
 irf mac-address persistent timer
 irf auto-update enable
 undo irf link-delay
 irf member 1 priority 1
#
 router id 9.9.9.3
```

```
#
ospf 10
 area 0.0.0.0
  network 9.9.9.3 0.0.0.0
  network 10.0.0.16 0.0.0.3
  network 10.0.0.20 0.0.0.3
#
 xbar load-single
 password-recovery enable
 lpu-type f-series
#
vlan 1
#
interface NULL0
#
interface LoopBack0
 ip address 9.9.9.3 255.255.255.255
#
interface GigabitEthernet1/0/0
 port link-mode route
 combo enable copper
 ip address 10.0.0.22 255.255.255.252
#
interface GigabitEthernet1/0/1
 port link-mode route
 combo enable copper
 ip address 10.0.0.17 255.255.255.252
 ipsec apply policy FW
#
interface GigabitEthernet1/0/2
 port link-mode route
 combo enable copper
#
interface GigabitEthernet1/0/3
 port link-mode route
 combo enable copper
#
interface GigabitEthernet1/0/4
 port link-mode route
 combo enable copper
#
interface GigabitEthernet1/0/5
 port link-mode route
 combo enable copper
#
interface GigabitEthernet1/0/6
 port link-mode route
 combo enable copper
#
interface GigabitEthernet1/0/7
 port link-mode route
 combo enable copper
```

```
#
interface GigabitEthernet1/0/8
 port link - mode route
 combo enable copper
#
interface GigabitEthernet1/0/9
 port link - mode route
 combo enable copper
#
interface GigabitEthernet1/0/10
 port link - mode route
 combo enable copper
#
interface GigabitEthernet1/0/11
 port link - mode route
 combo enable copper
#
interface GigabitEthernet1/0/12
 port link - mode route
 combo enable copper
#
interface GigabitEthernet1/0/13
 port link - mode route
 combo enable copper
#
interface GigabitEthernet1/0/14
 port link - mode route
 combo enable copper
#
interface GigabitEthernet1/0/15
 port link - mode route
 combo enable copper
#
interface GigabitEthernet1/0/16
 port link - mode route
 combo enable copper
#
interface GigabitEthernet1/0/17
 port link - mode route
 combo enable copper
#
interface GigabitEthernet1/0/18
 port link - mode route
 combo enable copper
#
interface GigabitEthernet1/0/19
 port link - mode route
 combo enable copper
#
interface GigabitEthernet1/0/20
 port link - mode route
 combo enable copper
```

```
#
interface GigabitEthernet1/0/21
 port link - mode route
 combo enable copper
#
interface GigabitEthernet1/0/22
 port link - mode route
 combo enable copper
#
interface GigabitEthernet1/0/23
 port link - mode route
 combo enable copper
#
security - zone name Local
#
security - zone name Trust
 import interface GigabitEthernet1/0/0
 import interface LoopBack0
#
security - zone name DMZ
#
security - zone name Untrust
 import interface GigabitEthernet1/0/1
#
security - zone name Management
#
zone - pair security source Any destination Local
 packet - filter 3100
#
zone - pair security source Local destination Any
 packet - filter 3100
#
zone - pair security source Trust destination Untrust
 packet - filter 3100
#
zone - pair security source Untrust destination Trust
 packet - filter 3100
#
 scheduler logfile size 16
#
line class aux
 user - role network - operator
#
line class console
 user - role network - admin
#
line class tty
 user - role network - operator
#
line class vty
 user - role network - operator
#
line aux 0
```

```
 user - role network - admin
#
line con 0
 authentication - mode scheme
 user - role network - admin
#
line vty 0 4
 authentication - mode scheme
 user - role network - admin
#
line vty 5 63
 user - role network - operator
#
acl advanced 3000
 rule 0 permit ip
#
acl advanced 3100
 rule 0 permit ip
#
domain system
#
 aaa session - limit ftp 16
 aaa session - limit telnet 16
 aaa session - limit ssh 16
 domain default enable system
#
role name level - 0
 description Predefined level - 0 role
#
role name level - 1
 description Predefined level - 1 role
#
role name level - 2
 description Predefined level - 2 role
#
role name level - 3
 description Predefined level - 3 role
#
role name level - 4
 description Predefined level - 4 role
#
role name level - 5
 description Predefined level - 5 role
#
role name level - 6
 description Predefined level - 6 role
#
role name level - 7
 description Predefined level - 7 role
#
role name level - 8
 description Predefined level - 8 role
```

```
#
role name level-9
 description Predefined level-9 role
#
role name level-10
 description Predefined level-10 role
#
role name level-11
 description Predefined level-11 role
#
role name level-12
 description Predefined level-12 role
#
role name level-13
 description Predefined level-13 role
#
role name level-14
 description Predefined level-14 role
#
user-group system
#
local-user admin class manage
 password hash $h$6$UbIhNnPevyKUwfpm$LqR3+yg1IjNct39MkOR0H0iQXLkYB3jMqM4vbAeoXOh
babIIFnjJPEGR00YiYA1Sz4LiY3FmEdru2fOLMb1shQ==
 service-type telnet terminal http
 authorization-attribute user-role level-3
 authorization-attribute user-role network-admin
 authorization-attribute user-role network-operator
#
ipsec transform-set FW
 esp encryption-algorithm des-cbc
 esp authentication-algorithm sha1
#
ipsec policy FW 10 isakmp
 transform-set FW
 security acl 3000
 remote-address 10.0.0.18
 ike-profile FW
#
ike profile FW
 keychain FW
 local-identity address 10.0.0.17
 match remote identity address 10.0.0.18 255.255.255.252
#
ike keychain FW
 pre-shared-key address 10.0.0.18 255.255.255.252 key cipher $c$3$DPfJ09o4yhSBeOj
Ty1gqqbvKSuWDwkI8qXvD
#
 ip http enable
 ip https enable
#
return
```

参考文献

[1] 新华三大学. 路由交换技术详解与实践(第 3 卷)[M]. 北京：清华大学出版社，2017.

[2] 华为技术有限公司官方网站. https://e. huawei. com/cn/.

[3] 陈鸣. 网络工程设计教程：系统集成方法[M]. 4 版. 北京：机械工业出版社，2021.

[4] 百度百科. PPP 协议[OL]. https://baike. baidu. com/item/PPP/6660214? fr=ge_ala.

[5] 百度百科. ipsec[OL]. https://baike. baidu. com/item/ipsec/2472311? fromModule=lemma_search-box.

[6] 新华三技术有限公司. H3C MSR 系列路由器 典型配置案例集-R6728-6W100[OL]. https://www. h3c. com/cn/. 2022.

[7] 新华三技术有限公司. H3C S5130-EI 系列以太网交换机 典型配置举例-6W101[OL]. https://www. h3c. com/cn/. 2022.

[8] 新华三技术有限公司. H3C SecPath 系列防火墙命令参考(V7)(R9323_R9320_R9514_R9606_R8514_R8513_R8219)-6W206[OL]. https://www. h3c. com/cn/. 2022.

[9] 陈宁，周伟，易军，等. 网络系统集成虚拟仿真研究[J]. 实验室研究与探索，2023，42(04)：143-147+170.